작은
수학자의
생각실험

2

작은 수학자의 생각실험 2

1판 1쇄 펴냄 2017년 2월 15일
1판 3쇄 펴냄 2020년 9월 15일

지은이 고의관

주간 김현숙 | **편집** 변효현, 김주희
디자인 이현정, 전미혜
영업 백국현, 정강석 | **관리** 오유나

펴낸곳 궁리출판 | **펴낸이** 이갑수

등록 1999년 3월 29일 제300-2004-162호
주소 10881 경기도 파주시 회동길 325-12
전화 031-955-9818 | **팩스** 031-955-9848
홈페이지 www.kungree.com | **전자우편** kungree@kungree.com
페이스북 /kungreepress | **트위터** @kungreepress
인스타그램 /kungree_press

ISBN 978-89-5820-437-4   03410

작은 수학자의 생각실험

2

우리가 몰랐던 수열과 조합의 놀라운 세계

고의관 지음

궁리
KungRee

"배우기만 하고 생각하지 않으면 어두워지고,

생각만 하고 배우지 않으면 위태롭다."(學而不思則罔, 思而不學則殆)

『논어』 2장 위정편 15장에 나오는 말로 이 책의 물꼬를 터볼까 합니다. 저는 공자의 이 오랜 말씀을 수학 공부에 적용해서 이야기를 해보고 싶습니다. 한자말 원문을 자세히 볼까요? 원문에서 罔(망)은 사리에 어둡다는 뜻으로, 앞의 어구를 풀이하자면 지식을 완전히 자기 것으로 소화하지 못하면 어두운 터널에 갇힌 것과 같다는 의미로 해석됩니다. 그러니까 아무 생각 없이 무조건 외우지 말라는 뜻이죠. 수학 공부를 할 때 그저 유형에 맞춰 문제를 풀면 생각하는 힘이 약해져 비슷한 문제는 해결해도 거기에서 조금만 문제를 꼬아도 풀지 못합니다.

그렇다면 생각만 하고 배우지 않으면 어떻게 될까요? 실제로는 아는 것이 부족하지만 스스로 자신이 똑똑하다는 착각에 빠지게 됩니다. 이런 경우, 독단과 오류에 빠질 위험이 크지요. 수학의 3대 천재, 뉴턴이 한 유명한 말이 있습니다. "자신이 뛰어난 발견을 하게 된 것은 자신보다 앞선 거

인들의 어깨 위에 서서 더 멀리 바라볼 수 있었기 때문이다." 뉴턴의 이 말처럼, 모든 지식을 혼자 터득할 수는 없는 노릇입니다. 수학도 마찬가지입니다. 수백, 수천 년간 천재 수학자들이 이뤄낸 업적을 충분히 이해한 다음, 그것을 바탕으로 자신만의 지혜를 발휘해야 더 뛰어난 결과를 얻을 수 있습니다.

제가 그동안 만나온 학생들을 보면, 첫 번째 '學而不思' 유형이 참 많았습니다. 많은 학생들이 생각할 줄 모릅니다. 아니, 생각하는 방법을 모른다는 것이 더 정확하겠습니다. 그 이유로는 여러 가지를 들 수 있겠지만, 저는 우리 교육 시스템이 논리, 언어 등 주로 분석적 사고에 편향되어 있다는 점을 꼽고 싶습니다. 이에 반해 시각적 이미지나 공간적 관계 등을 통해 유사성과 차이점을 파악해 생각을 탄생시키는 훈련은 그다지 이뤄지고 있지 않습니다.

또 다른 중요한 원인으로는 너무 이른 교육을 꼽을 수 있습니다. 자유롭게 뛰놀면서 새로운 것에 대한 호기심을 키우고 직접 체험한 것을 자기 것으로 만들어야 할 어린 시절에 정형화된 지식을 습득하다 보니, 많은 아이들이 자신의 생각을 펼쳐볼 기회도 없이 사고의 경직을 일찍부터 경험하고 있습니다.

어린 시절 저능아라고 놀림 받던 아인슈타인은 훗날 상대성 이론을 발견하고 이런 말을 했습니다. "보통의 어른이라면 공간과 시간에 대해 생각하는 일이 없다. 그것은 어린아이 때나 해보았을 생각이다. 하지만 지적 발달이 늦은(?) 나는 성장하고 나서야 시간과 공간에 대한 궁금증을 품게 되었고, 어른이 되어 같은 의문점을 던지는 아이보다 그 문제를 더 깊이 생각할 수 있었다."

수학 공부법에는 여러 가지가 있습니다. 그러나 수학을 잘하는 사람들이 한목소리로 언급하는 비법이 있습니다. 바로 오래 생각하여 문제를 푼다는 것입니다. 그들은 하나의 과제를 몇 시간이건 혹은 며칠씩 고민한 경험을 중요하게 꼽습니다.

그런데 대다수 학생들은 처음 대면하는 문제나 어려워 보이는 문제는 그냥 넘어가는 습관이 있습니다. 풀려고 시도도 하지 않습니다. 문제 하나를 푸는 데 몇 시간을 소비하면 시간을 버렸다고 여깁니다. 그 시간에 100문제 이상 푸는 게 제대로 공부하는 것이라고 믿으면서요. 하지만 하나의 문제를 푸는 데 들어간 많은 시간이 정말 낭비일 뿐일까요?

이 책은 고등학생 1학년인 두 학생이 주인공으로 등장합니다. 한 학생은 '學而不思'에 가까워 자신의 지식을 활용하여 새로운 문제를 해결하는 능력이 부족한 편입니다. 다른 학생은 도식화와 도표를 작성하는 데 뛰어나지만 수학 지식이 부족한 '思而不學' 유형에 가깝습니다. 이 극과 극의 두 학생은 **행운의 카드 문제**라는 하나의 수학문제를 함께 풀고 서로 배우며 자신의 단점을 극복해나갑니다.

두 학생의 생각실험에 동행한다면, '學而不思'에 가까운 독자 분들은 수학적으로 사고하는 방법을 배울 수 있고, 반대로 '思而不學' 유형에 가까운 분들은 더욱 큰 지혜를 발휘하려면 지식이 필요하다는 점을 알게 될 것입니다. 책을 덮었을 때 이런 마음이 든다면 이 책이 할 몫은 다했다고 감히 생각합니다. 덤으로 수열과 조합의 의미마저 명확하게 이해하게 된다면 금상첨화이겠지요. 이제, 그 생각실험 속으로 한번 들어가 볼까요?

일러두기 |

유치원생에게 나눗셈은 어렵고 이해하기 힘듭니다. 하지만 이 아이가 초등 고학년이 되면 나눗셈은 우습게 여깁니다. 왜 그럴까요? 이유는 간단합니다. 나눗셈을 많이 접하다 보니 언제부턴가 익숙해졌기 때문입니다. 즉, 나눗셈의 개념이 뇌의 신경망에 형성된 것입니다. 수열, 이항정리 등도 자주 접하고 문제를 풀다 보면 어느새 별거 아니라고 생각하는 때가 찾아옵니다. 각 장의 말미에는 난이도가 제법 높은 연습문제들을 수록했습니다. 문제가 너무 쉬우면 기계적으로 풀 여지가 있습니다. 이 점을 피하고 어떻게 접근해서 풀어야 할지 여러분 각자 생각의 근육을 키우는 기회로 연습문제를 활용하시길 바랍니다.

차례

1장   로또의 수학

2장　수열을 찾아라!

3장　놀라운 이항정리의 세계

4장 중복조합의 새로운 이해

5장 지식을 꿰어 지혜로

우연한 일도 발생할 기회가 충분히 많으면 확실히 발생할 수밖에 없다. 과학 분야에는 불규칙한 현상 속에서 나름의 질서와 규칙을 규명해보려는 '카오스(혼돈) 이론'도 존재한다. 누군가는 당첨되는 로또. 하지만 그 기댓값은 현저히 떨어지는 것이 현실이다. 과연 그 기댓값을 극대화하는 방안은 존재하는 것일까?

1장
로또의 수학

01

조합의 의미

찬바람이 불기 시작한 12월의 어느 토요일 저녁, 종관은 여느 주말처럼 컴퓨터 게임에 푹 빠져 있다. 그의 손가락은 피아노 건반을 치듯 분주하게 키보드 사이를 종횡무진 움직이고 있다. 이때 방문이 살포시 열리는 것을 감지하고 종관은 재빨리 게임을 멈추었다. 문 앞에 서 있는 사람은 다름 아닌 고모부였다.

"어? 안녕하세요, 고모부."

학생시절부터 과학 분야에 탁월한 능력을 보였다는 고모부는 이학박사 학위를 지닌 분이다. 특히나 수학에 굉장한 실력을 발휘했다고 들었다. 종관은 강물같이 유유히 흘러가는 사고를 하는 고모부가 좋았다. 더욱이 학교생활이나 수학에 대한 조언도 자주 해주는 고모부였다. 자연스레 고모부는 종관의 롤모델이 되었다. 하지만 종관은 수학에 꽤나 흥미가 있음에도 성적이 썩 좋지 않아 고모부 앞에 서면 왠지 주눅이 든다. 어렸을 때는 수학적 재능이 탁월하다는 칭찬을 받기도 했다지만 지금은 수학보다 게임, 만화, 퍼즐이 더 좋다.

저녁을 먹은 후 가족들은 텔레비전 방송을 보고 있다.

"예, 첫 번째 번호는 20입니다."

로또 추첨방송이었다. 고모부는 번호가 하나씩 발표할 때마다 집중해서 듣고 있었다.

"고모부, 로또 사셨어요?"

"응? 어, 그래. 가끔씩 심심풀이로. 재밌잖아. 될 가능성은 거의 없지만 '혹시'라는 기대감에 가끔 생각 날 때마다 사지."

"로또는 당첨되기 무지 어렵지 않나요?"

"그렇지, 거의 없다고 봐야겠지. 45개의 번호에서 6개의 번호를 맞혀야 하니 확률적으로 거의 0에 가까워."

"45개 번호에서 6개의 번호를 맞히는 것이라고요? 초등학생들이 하는 게임처럼 유치한 것 같은데……."

고모부는 마지막 여섯 번째 번호가 발표되자 항상 그래왔다는 듯이 자연스럽게 로또 번호가 적힌 종이를 구겨 버렸다.

"로또 번호 맞히는 것은 이론적으로 따지면 불가능하다고 할 수 있어. 고등학생이니까 수학 시간에 조합에 대해 배우지 않니?"

"저는 고1이라 아직 안 배웠어요."

"배우지 않았어도 상관없어. 사전적 의미 그대로이니까. 음, 가령 6개의 번호에서 이미 5개의 당첨번호를 알고 있으면 어떻게 하겠니?"

잠시 생각하다가 종관이 답했다.

"45개의 번호에서 5개의 번호를 알고 있다면 나머지 하나의 번호는 남아 있는 40개 번호 중 하나가 되겠네요? 그러면 40개 중에서 1개를 택해야 하니까……. 가만, 로또는 몇 장이건 살 수 있나요?"

"응."

"그러면 아예 40개의 번호 각각을 5개의 번호와 조합해서 사면 그중에 하나는 당첨이 되겠네요. 예, 저 같으면 40장을 다 구매하겠어요!"

고모부가 약간 황당한 표정을 짓더니 이내 고개를 끄덕였다.

"그렇긴 하네. 40개 번호 중에 하나이니까 40장을 사면 그중 하나는 당연히 맞는 번호가 될 테니까. 한 장에 1000원이므로 4만 원어치만 사면 1등에 당첨돼서 수십억 원의 당첨금을 받을 수 있겠지. 이건 충분히 투자할 만한 일이야." 박사는 잠시 숨을 고른 후 다시 말을 꺼냈다.

"그렇다면 4개의 번호만 알고 있을 때는 몇 장을 사야 될까?"

"4개의 번호를 제외하면 41개의 숫자가 남고 이 중 2개를 골라내는 경우가 되니까 이때는 돈을 좀 더 써야 될 것 같네요."

종관은 다음과 같이 생각해 보았다. 알고 있는 당첨번호가 42, 43, 44, 45라고 하면 남은 1부터 41까지의 숫자에서 2개를 선택하면 될 것이었다. (그림 1.1.1)

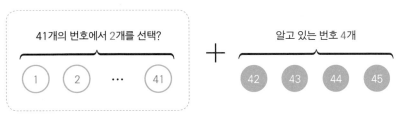

그림 1.1.1

몇 가지 경우가 생길까? 방법이 얼른 떠오르지 않았다.

'안 되겠어. 무식하지만 일일이 나열해서 찾아보자. 1에서 41까지의 수에서 2개를 고르는 경우이니 먼저 1과 짝을 이루는 경우는 몇 가지가 될지 알아보자. 2에서부터 41이므로 총 40개일 거야. 이번에는 2와 짝을 이룰 수 있는 것은 1을 제외해야 하니까 3부터 41이 될 것이므로 총 39개가 되겠네.'

종관은 같은 방법으로 3과 짝을 이룰 수 있는 수들은 38개, …, 마지막으로 40과 짝을 이룰 수 있는 수는 41 하나가 되므로 결국 1부터 40까지의 합이 될 것임을 알게 되었다. (〈그림 1.1.2〉는 〈그림 1.1.1〉의 점선 부분을 종관의 생각으로 표현한 그림이다.)

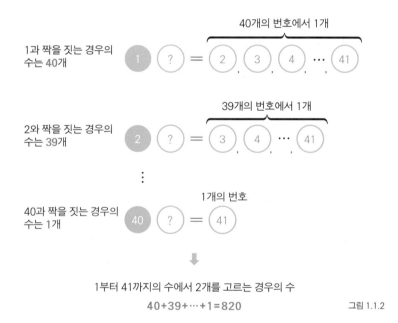

그림 1.1.2

그리 어렵지 않게 답을 알아내기는 했지만 1부터 40까지의 합을 구하는 것도 녹록한 일은 아니었다. 하지만 뾰족한 해법은 보이지 않았기에 일일이 더하였다. 무식한 방법이란 생각이 들어 종관은 고모부 얼굴을 슬

쩍 쳐다보았다. 표정의 변화 없이 자신의 풀이과정을 물끄러미 보는 모습에서 그 심중을 읽을 수는 없었다. 어쨌든 지루한 계산 끝에 1부터 40까지의 합이 820이 됨을 알아냈다.

"총 820가지가 나오게 되므로 82만 원어치를 사야겠네요. 그래도 해볼 만한 투자이겠어요, 고모부."

"그렇지? 다음 질문은 예상할 수 있겠지만 세 장의 번호만 알고 있다면 몇 만 원어치나 사야 할까?"

분명 계산과정이 더 복잡해지겠지만 같은 방식으로 접근해가면 해결할 수 있으리라. 먼저 알고 있는 3개의 번호를 43, 44, 45라 놓고 이들 수를 제외한 1에서 42의 수에서 3개의 수를 조합하는 경우의 수를 구하면 될 것이었다.

숫자 1이 반드시 포함된 경우는 몇 가지일까? 종관은 잠시 머뭇거렸지만 생각해보니 좀 전과 차이가 없었다. 1이 반드시 포함되어 있다면 결국 남아 있는 수는 2에서 42까지의 41개이고 그중 2개를 선택하는 것이므로 결국 앞서와 같이 1에서 40까지의 합을 구하는 것이었다.(그림 1.1.3의 ①)

이번에는 2가 반드시 포함되는 경우는? 이미 1의 경우는 모두 구했으므로 1을 제외한 3에서 42까지 40개의 수에서 2개를 선택하는 셈이다. 따라서 1부터 39까지의 합이 될 것이었다.(그림 1.1.3의 ②) 문제는 오히려 그다음이었다. 모든 사례를 종합하면 결국 42개에서 3개를 고르는 경우는 〈표 1.1.4〉와 같고 결론적으로 아래의 합을 구해야 했다.

$$820 + 780 + 741 + \cdots + 3 + 1 = ? \qquad \text{(1.1.5)}$$

난감한 상황에 봉착한 것이다. 못 할 계산은 아니지만 하나하나 계산해

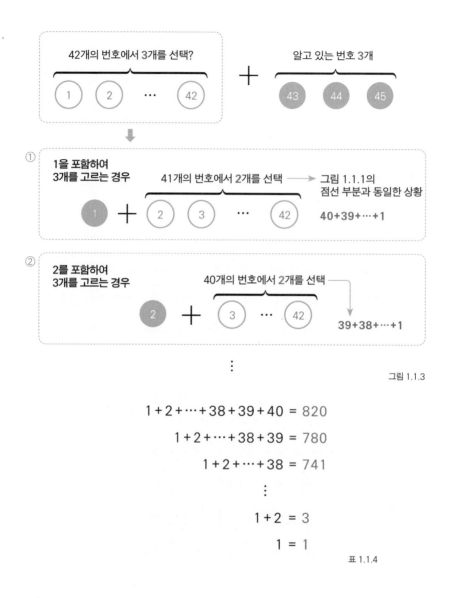

그림 1.1.3

$$1+2+\cdots+38+39+40 = 820$$
$$1+2+\cdots+38+39 = 780$$
$$1+2+\cdots+38 = 741$$
$$\vdots$$
$$1+2 = 3$$
$$1 = 1$$

표 1.1.4

나가기엔 너무도 지루한 과정일 게 뻔했다. 가만히 그 상황을 옆에서 지켜보던 박사가 한마디 거들었다.

"역시, 잘 해결해내는구나. 그런데 어떡하나? 나라도 이런 계산은 싫을 것 같아."

"……."

종관은 고모부를 말없이 바라보았다. 속에서는 수많은 생각이 떠올랐다. '약을 올리시나? 어찌되었든 과정은 틀리지 않았으니 풀었다고 봐야 하는 것 아닐까?'

종관의 마음을 읽었는지 박사가 말했다.

"수학자들은 복잡한 걸 좋아한다고 생각할지 모르겠는데 전혀 그렇지 않아. 특히 이런 계산을 엄청 싫어해. 그래도 계산은 해야 하니까 이렇게 너저분한 계산을 쉽게 처리할 수 있는 방법을 찾아내려고 심혈을 기울이지."

"그러면 이 계산도 쉽게 처리하는 방법이 있다는 말씀인가요?"

"물론, 그렇지. 그리 어렵지 않으니 그건 스스로 찾아봐라. 그런데 저 계산도 그렇지만 다시 로또의 문제로 돌아가서, 이번에는 2개의 숫자만 알고 있을 때 혹은 1개, 나아가서 어떤 수도 전혀 모를 때에는 몇 가지나 나올까? 매번 저렇게 해야 할까?"

들고 보니 종관도 그 말에 수긍할 수밖에 없었다. 가령 2개만 알고 있다 해도 결국은 43개의 수에서 4개를 고르는 것이니 경우의 수가 커질 수밖에 없는 것은 당연하다. 하물며 전혀 모르는 상황에서는 45개의 수에서 6개를 조합해야 하니 복잡하기도 할뿐더러 그 경우의 수가 분명 엄청나게 커질 것이다. 하지만 고모부 말의 의미로 보면 간단하게 해결하는 방법이 있다는 건데…….

경우의 수란 어떤 시행에서 일어날 수 있는 사건의 가짓수를 의미한다. 예를 들어 주사위를 던진다고 해보자. 주사위에는 1에서부터 6까지의 눈이 있어 한 번의 시행으로 총 6가지의 경우가 발생할 수 있다. 그러므로 주사위의 경우의 수는 6이다.

동전은 앞면과 뒷면만 있으므로 경우의 수는 2이다.

앞면   뒷면

확률과 여사건

"45개의 수에서 6개를 골라내는 경우의 수는 네가 나중에 알아내서 계산해 보도록! 아마 800만 가지 이상일 거야. 모든 경우를 사면 그중 하나는 당첨되겠지만 800만 가지가 넘으니 80억 원 이상의 돈이 들겠지. 일반 사람은 살 돈도 없지만 설혹 사면 뭐하겠어. 1등으로 돌아오는 돈은 20~30억 정도이니 50억 이상 손해 보는 거잖아."

"그렇겠네요. 그러면, 고모부. 한꺼번에 사는 것은 힘드니까 매주 10만 원어치씩 10년 동안 사면 어떨까요? 1년을 50주라고 치면 매년 500만 원, 그리고 10년이니까 5000만 원. 휴, 이것도 엄청 돈이 들겠지만 당첨될 가능성이 꽤 높아지지 않을까요?"

"어? 그건 나도 생각해보지 않아서 확률이 얼마나 될지 모르겠네. 하여간 네 잔머리는 알아줘야 해. 하하. 그래도 그런 방법을 떠올린 것은 칭찬해줄 만한데……." 핀잔을 주는 것 같기도 했지만 박사는 그런 발상에 대해 대견해했다. "그래도 당첨확률은 상당히 낮을 거야. 10만 원어치 구매

하면 한 게임에 1000원이니 총 100가지를 조합한 격이겠네. 그러면 로또의 경우의 수가 일단 800만이라고 가정하면 당첨확률이 〈그림 1.2.1〉과 같겠지."

10만 원   로또 100장 조합   당첨확률

$$\frac{100}{8000000} = \frac{1}{80000}$$

그림 1.2.1

종관은 고모부의 설명을 진지하게 듣고 있었다.

"확률이 크게 줄어들었지만 아직도 매우 작은 값이야. 자, 그러면 $\frac{1}{80000}$ 확률에서 10년 동안 매주, 그러니까 500번을 구입하는 사이에 당첨될 확률은 어떻게 될까?"

박사는 항상 해결책을 주기보다는 계속 문제를 제시하여 스스로 해결하도록 유도하는 편이었고, 종관은 그것을 양분 삼아 생각을 키우고 있었다.

"고모부, 당첨이 꼭 한 번만 되라는 법은 없잖아요. 500번을 사는 것이니까 두 번도 될 수 있고, 세 번도 될 수 있고, 최대 500번 당첨될 수도 있는 것이 아닌가요?"

"당연하지. 매번 살 때마다 당첨될 확률도 있어. 단지 그 확률이 상상하기 힘들 정도로 작아서 그렇지."

"정확하게 구하려면 한 번 당첨될 확률, 두 번 당첨될 확률 등등 해서 500번 당첨될 확률까지 구하여 모두 더해야겠네요.(그림 1.2.2) 그런데 이걸 어떻게 계산해요?"

"글쎄다, 난 텔레비전 보고 있을 테니……."

그림 1.2.2

대수롭지 않게 여겼던 로또에 이런 복잡한 수학이 숨어 있을 줄이야! 종관은 로또의 의외성에 신기함을 느끼면서 이 문제를 어떻게 처리해야 할까 고심했다. 하지만 어떻게? 생각의 궁지에 몰리자 새로운 방안보다는 자신이 쉽게 접근할 수 있는 방법만 떠올랐다. 〈그림 1.2.2〉와 같이 500개나 되는 모든 사례를 구하는 것 외에 달리 방도가 없어 보였다.

'한 번만 당첨될 확률이라도 먼저 구해볼까?'

종관은 지푸라기라도 잡고 싶은 심정이었다. 한 번 당첨될 확률이라도 구하다 보면 전체를 해결할 방안을 찾을 수 있겠지, 하는 기대 속에 무작정 첫걸음을 내딛었다.

'한 번만 당첨되는 경우이니 첫 번째 주에 당첨될 수도 있고, 두 번째 주에 혹은 세 번째 주에 당첨될 수도 있겠지.' 잠시 생각을 정리하던 종관은 이내 자신의 생각을 실행하기 시작했다. '첫 주에 되건 다른 주에 되건 그 확률은 모두 같을 것이므로 첫 주에 당첨될 확률에다 500을 곱하면 한 번만 당첨될 확률을 구할 수 있어.'(그림 1.2.3)

그림 1.2.3

첫 번째 주에만 당첨될 확률을 구하려면 첫 주에 당첨될 확률에다 나머지 주에 당첨되지 않을 확률을 곱해주면 된다. 종관은 지금의 사례를 일단 〈표 1.2.4〉에 정리했다.

총 경우의 수	8000000가지
구매하는 개수	100가지
나머지의 개수	7999900가지
당첨확률	$\dfrac{100}{8000000} = \dfrac{1}{80000}$
당첨되지 않을 확률	$\dfrac{7999900}{8000000} = \dfrac{79999}{80000}$
시행 횟수	500번(혹은 500주)

표 1.2.4

따라서 첫 번째 주에만 당첨될 확률은 다음과 같이 계산될 것이다.

$$\frac{1}{80000} \times \underbrace{\frac{79999}{80000} \times \frac{79999}{80000} \times \cdots \times \frac{79999}{80000}}_{499} = \frac{79999^{499}}{80000^{500}} \quad\text{■}$$

(1.2.5)

위에서 계산한 값에 500을 곱한 값이 바로 500주 동안 한 번 로또에 당첨될 확률이다. 물론 위의 계산은 계산기의 도움을 받아야 할 것이다.

하지만 500주 동안 두 번 당첨될 확률 등 나머지 사례를 위와 비슷한 방법으로 계산한다는 것은 분명 가능한 일이겠지만 차라리 안 풀고 말

■ 같은 수를 계속 곱할 때(거듭제곱) 일일이 적는 번거로움을 없애기 위해 아래와 같이 곱해주는 개수를 위첨자로 나타내서 간략하게 표현한다.

$$a \times a \times a = a^3, \quad \overbrace{a \times a \times \cdots \times a}^{10} = a^{10}$$

지 누가 시도나 할 수 있을까? 더구나 각 경우에서 나온 확률의 값을 모두 더해야 원하는 값을 얻을 수 있다. 도저히 이 방법으로는 해결 불가능이었다. 혹시나 구하는 과정에서 다른 해법이 떠오를까 기대했지만 전혀 아니었다.

이때 고모부가 종관이 푼 과정을 어깨너머로 슬쩍 보면서 말을 꺼냈다.

"넌 좀 전에도 무식하게 일일이 더하면서 계산하더니 지금도 그러냐?"

"아니에요, 저도 이 방법으로 구할 수 없다는 예감은 들었지만…… 혹시나 하는 마음에……."

"여하튼, 네 생각을 정리해보면 이렇다는 거지? 한 번 로또에 당첨될 확률을 $p(1)$, 두 번 당첨될 확률은 $p(2)$, 세 번은 $p(3)$ 등등이라 하여 이들의 값을 모두 더해 답을 얻어내겠다는 계획이잖아?"

$$p(1)+p(2)+\cdots+p(500)$$

그런데 놀랍게도 고모부가 적어준 수식을 보는 순간 종관의 머릿속에 전기가 흐르듯 해결책이 떠오르는 것이 아닌가!

"어? 고모부, 저한테 힌트 주신 것 맞죠? 쉽게 구하는 방법이 생각났어요. 500번의 시행에서 나올 수 있는 모든 경우는 한 번도 당첨되지 않을 경우부터 시작해서 한 번 당첨될 경우, 두 번, …, 500번까지가 가능하고, 각각에 대한 확률을 $p(0)$, $p(1)$, $p(2)$, …, $p(500)$이라 하면 이들의 합은 1[*]이 될 것이잖아요.

$$p(0)+p(1)+p(2)+\cdots+p(500)=1$$

■   어떤 사건에서 일어날 모든 사례에 대한 확률의 합은 1이다.

최소한 한 번이라도 당첨만 되면 되는 것이니까 한 번도 당첨되지 않을 확률을 제외한 나머지 경우가 답이 되겠어요. 즉, 앞의 식에서 $p(0)$만 우변으로 이항하면,

$$p(1)+p(2)+\cdots+p(500)=1-p(0) \qquad (1.2.6)$$

이고, 구하고자 하는 것은 좌변이지만 우변의 식으로부터 쉽게 답을 구할 수 있겠어요." 신이 난 종관이었다. "매주마다 당첨되지 않을 확률 $p(0)$은 당첨되지 않을 확률의 값을 500번 곱해야 되니까⋯⋯."

종관은 스스로도 기발한 방법으로 해결했다는 만족감에 득의의 미소를 지으면서 스마트폰 계산기로 한 번도 당첨되지 않을 확률 $p(0)$을 계산했다.

$$p(0) = \overbrace{\frac{79999}{80000} \times \frac{79999}{80000} \times \cdots \times \frac{79999}{80000}}^{500} = \left(\frac{79999}{80000}\right)^{500} \fallingdotseq 0.99377$$

"어? 10년 동안 당첨되지 않을 확률이 99퍼센트가 넘다니! 그러면 당첨될 확률은 1퍼센트도 되지 않는다는 말이잖아요. 어떻게 이럴 수가?"

"놀랍지. 매주 10만 원어치씩 사는 것도 꽤 크게 투자하는 건데, 10년 동안 매주 그 돈을 쏟아 부어도 당첨될 확률이 거의 없어."

"그런데 왜 사람들은 로또를 살까요?"

"누군가는 당첨이 되니까. 매주 전국에 있는 사람이 구입하는 로또의 양이 최소 800만 이상이 되니까 한 명 정도는 충분히 당첨자가 나올 수 있어. 당첨되는 사람을 보면서 이번 주에는 그 한 명이 내가 될 수도 있다는 기대감에 사람들이 로또에 열광하는 거야. 나 역시 그런 생각을 품고 사

기는 하지만, 지금까지 우리가 계산한 것처럼 당첨 가능성이 거의 없다는 것쯤은 알고 있단다."

고모부는 돌아갈 시간이 되어 주섬주섬 옷가지를 챙기다 무엇인가 생각이 났는지 종관에게 말을 건넸다.

"참, 다음 번 나랑 만날 때까지 〈식 1.1.5〉의 계산과 로또의 경우의 수를 구하는 것은 숙제라 생각하고 반드시 알아놓고 있어야 해."

그렇다. 종관에게 로또는 아직 자기 관심사가 아니어서 확률이 거의 0이어도 큰 상관이 없다. 그리고 로또의 경우의 수는 아직 조합을 배우지 않았다는 핑계로 두루뭉술하게 넘어갈 수도 있다. 하지만 〈식 1.1.5〉는 단순한 덧셈에 불과한 계산인데도 그 풀이과정이 수월하지 않다. 일일이 더해서 계산할 수 있다지만 그건 왠지 아닌 것 같다. 어떻게 하면 쉽게 처리할 수 있을까? 이런 의문점이 종관의 머릿속을 서서히 채우기 시작했다.

곱의 법칙과 여사건

1.

두 개의 사건이 동시에 일어나는 경우의 수를 구할 때에는 **곱의 법칙**이 적용된다. 가령 동전과 주사위의 경우의 수는 각각 2와 6이므로 이 두 개를 동시에 던져서 나오는 경우의 수는 $12(=2 \times 6)$가지가 된다.

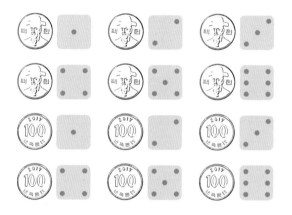

2.

　사건 A에 대하여 A 이외의 모든 사건을 **여사건**(餘事件, complementary event)
이라 한다. 즉, 어떤 사건이 있고 그것을 보완하는 사건들로 전체가 구성된다. 특
히 사건 A의 확률이나 경우의 수를 구하기는 어렵지만 그 A의 여사건(A^c으로 표
기)은 수월하게 구해질 때 본문의 내용과 같이 처리하여 사건 A의 정보의 값을
바로 알아낼 수 있다.

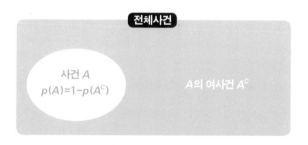

전체사건

사건 A
$p(A)=1-p(A^c)$

A의 여사건 A^c

순열과 조합의 계산

고등학교 1학년 기말고사가 끝이 났다. 종관은 이 순간을 만끽하고 싶다. 시험을 잘 치렀건 그렇지 않았건 중요하지 않았다. 머릿속은 시험이 끝난 오늘 하루를 어떻게 하면 재미나게 보낼까 하는 생각뿐이었다. 종관은 오늘 절친 지민과 함께 보낼 예정이다. 지민과 종관은 중학교 때부터 같은 학교에 다녔고 지금도 같은 반 친구다.

"야, 시험 끝났다. 나가자. 음? 너 시험 잘 못 봤구나." 종관이 지민의 얼굴을 보자 자연스레 이 말이 툭 튀어나왔다.

"응, 수학시험이 너무 어려웠어. 너는 어땠어?"

"나야 뭐 기본 실력으로 봤지. 하하."

둘이 절친이긴 하지만 지민은 종관에게 한 가지 보이지 않는 열등감이 있었다. 분명 성적은 자기가 우수한데 잠깐잠깐 번뜩이는 지혜를 발휘하는 종관을 보면 부러운 마음이 드는 때가 한두 번이 아니었다. 특히 수학이 그랬다. 굉장히 쉬운 문제를 쩔쩔매며 한참 동안 풀 때가 있는가 하면 상당히 어려워 보이는 문제를 듣도 보도 못한 방법으로 해결해서 놀라게 한 적이 가끔 있었다. 그래서 그런지 문제가 쉬우면 종관의 성적은 별로였지만 어렵게 출제되면 성적이 꽤나 잘 나온다. 그런 종관이 진짜 열심히 공부하면 자기를 능가하는 건 시간문제일 거라는 생각도 내심 들었다.

어찌되었든 끝난 시험이야 잊기로 하고 지민은 종관과 함께 학교를 벗어났다. 저녁에는 종관 그리고 몇몇 친구들과 영화 한 편을 보기로 했다. 분식집에서 간단히 점심을 해결한 둘은 PC방에서 게임하며 시간을 보내기로 하고 발걸음을 옮겼다. 차가운 겨울 공기 때문에 뛰다시피 빠른 걸음으로 걷고 있던 종관에게 로또 판매소가 눈에 띄었다. 그 순간 2주 전쯤 고모부가 내준 문제가 떠올랐다. 그동안 시험기간이라고 까맣게 잊고 있었던 것이다.

"지민아, 너 로또 알고 있냐?"

"응? 어떻게 하는지는 알고 있지. 우리는 미성년이라 사지도 못하잖아. 그런데 왜 물어?"

"응. 얼마 전에 고모부가 내줬던 문제가 생각이 나서."

"어떤 문제길래?"

"로또의 경우의 수를 구하는 문제."

"그거 굉장히 쉬운데. 로또 번호가 총 45개이고 그중 6개를 맞춰야 하는 거니까 경우의 수는 $_{45}C_6$이 되겠네."

"응? 무슨 답이 그렇게 쉽게 나와? 그리고 $_{45}C_6$이 뭔데?"

"야, 일단 PC방이라도 가서 얘기하자. 추워서 힘들어."

PC방에 자리를 잡고 지민은 종관에게 'C'라는 낯선 기호에 대해 설명해주었다. 주변은 꽤나 시끄러웠지만 둘은 제법 진지하게 이야기를 이어갔다.

"n개에서 r개 고르는 경우가 '**조합**'에 해당하는 것으로 그 경우의 수는

$$_n\text{C}_r = \frac{n!}{r!(n-r)!} \tag{1.3.1}$$

이야. 여기서 '!'▪(**계승**)이라는 것은 다음과 같아.

$$n! = n \times (n-1) \times (n-2) \times \cdots \times 3 \times 2 \times 1$$

예를 들자면 이렇지.

$$5! = 5 \times 4 \times 3 \times 2 \times 1 = 120$$

따라서 $_{45}\text{C}_1$이라면 위의 〈식 1.3.1〉에 $n=45$, $r=1$을 그대로 대입하면 아래처럼 계산되지."

$$_{45}\text{C}_1 = \frac{45!}{1!(45-1)!} = \frac{45 \times 44 \times 43 \times \cdots \times 2 \times 1}{1 \times (44 \times 43 \times \cdots \times 2 \times 1)} = 45$$

"그렇구나. 처음 보는 기호라 낯설어서 그렇지 별것 아니네. $_{45}\text{C}_6$이면 $n=45$이고 $r=6$이므로 다음과 같이 계산된다는 거지?"

$$_{45}\text{C}_6 = \frac{45!}{6!(45-6)!} = \frac{45!}{6!39!}$$
$$= \frac{45 \times 44 \times 43 \times \cdots \times 2 \times 1}{(6 \times 5 \times \cdots \times 2 \times 1) \times (39 \times 38 \times \cdots \times 2 \times 1)}$$

종관이 쓴 식을 보고 지민이 이어서 계산했다.

▪ '계승(階乘, factorial)'이라고 하며, 1부터 어떤 양의 정수 n까지의 정수를 모두 곱한 것을 말한다. '!'은 '팩토리얼'이라고 읽는다.

"분모에 39!이 있으니까 분자에서 39 이하의 곱은 지워져. 결국 아래처럼 계산하면 돼. 일단 계산기로 계산해볼게."

$$_{45}C_6 = \frac{45 \times 44 \times 43 \times 42 \times 41 \times 40}{6 \times 5 \times 4 \times 3 \times 2 \times 1} = 8145060$$

"맞아, 고모부가 800만이 넘는 수라고 했었어. 그러면 이 값이 맞구나. 너무 신기해."

단 하나의 식으로 멋들어지게 답이 도출되자 종관은 그저 멍하기만 했다.

"그런데 왜 n개의 수에서 r개를 고르는 경우의 수가 〈식 1.3.1〉이 된다는 거야?"

"그건…… 학원에서 배웠는데……, 글쎄 이유는 잘 모르겠어."

"뭐야, 배웠다면서 왜 저렇게 되는지 모른단 말이야?"

간단하게 답이 구해지자 종관은 신기한 마음에 왜 저런 공식이 생겼는지 의구심이 들기 시작했다. 게다가 같은 학년인 친구는 알고 있는 계산법을 자신은 모르고 있다는 사실이 신경 쓰였다. 주변의 소음은 상관없었다. 종관은 자신만의 세계로 빠져들었다. 어느 순간 퀴퀴한 PC방 공기가 자신을 더욱 짓누르는 것 같아 속도 메스껍고 머리도 아파오기 시작했다. 한시바삐 자리를 뜨고 싶었다.

"야, 나가자."

"왜? 이제 한 시간도 되지 않았는데."

"아니야, 날도 춥고 하니까 커피숍에 가서 아까 그 문제나 마저 얘기해보자."

그제야 지민은 종관의 말을 이해하고 PC방에서 나와 바로 근처 커피숍으로 발걸음을 옮겼다. 커피숍 안의 달콤한 커피향과 따뜻한 공기가 종관의 머릿속을 한결 정화시켜주었다. 두 친구는 코코아 두 잔을 시킨 후 탁자 위에 종이와 연필을 꺼내들고 C라는 기호의 의미에 대해 토론하기 시작했다. 종관이 먼저 말을 했다.

"n개 중에 r개를 고르는 경우의 수가 〈식 1.3.1〉이라는 거잖아. 하지만 이 식이 어떻게 도출되었는지는 알지 못한다고 했지?"

"음, 그렇지, 뭐……."

"내가 그 이유를 알 것 같아. PC방에서부터 계속 생각했어. 머릿속으로 그 상황을 일일이 그리다 보니 어려운 점은 있었지만 과연 그렇더라고."

종관의 말에 지민은 놀라워했다. 배운 적 없고 지금 처음 들은 내용을 해결했다니 놀라울 수밖에. 그러나 그의 방법이 틀렸을 수도 있다고 생각하며 종관의 설명을 경청했다.

"3개 중에 2개 고르는 경우와 4개 중에 2개 고르는 경우의 수를 내가 직접 나열하여 얻어낸 값과 〈식 1.3.1〉로 얻어진 값이 과연 정확히 일치하더라고." 종관이 잠시 생각을 정리하더니 다시 말을 이었다. "가령 1에서 5까지의 5개 수로 3자리의 수를 만든다고 할 때, 몇 가지나 가능하겠어?"

"그것은 '**순열**'로 $_5\mathrm{P}_3$가지야."

"잉? $_5\mathrm{P}_3$?" 고개를 갸웃거리며 종관이 말했다. "너, 수학기호 많이 아는구나."

"뭘, 아까 $_n\mathrm{C}_r$과 비교해서 $_n\mathrm{P}_r$은 다음과 같아."

$$_n\mathrm{P}_r = \underbrace{n \times (n-1) \times \cdots \times (n-r+1)}_{r\text{개}} = \frac{n!}{(n-r)!} \tag{1.3.2}$$

$$\therefore \ _5\mathrm{P}_3 = 5 \times 4 \times 3 = 60 \tag{1.3.3}$$

$5 \times 4 \times 3$

그림 1.3.4

"그렇구나." 종관은 지민이 적은 수식을 꼼꼼히 살펴보았다. 그리고 〈식 1.3.2〉에 대해 자신이 이해한 것을 지민에게 설명하며 옳게 이해를 했는지를 확인하였다.

"그러니까 1, 2, 3, 4, 5의 5개 수로 세 자리의 정수를 만든다 치면, 백의 자리 수가 1인 숫자의 개수는 백의 자리 수가 2, 3, 4 혹은 5인 숫자의 개수와 같게 나올 거야. 그러니까 백의 자리 수를 1로 놓고 경우의 수를 구하고 그 값에 5를 곱해야 해."

종관은 〈그림 1.3.4〉를 그리면서 자신의 생각을 전달했다.

"백의 자리 수를 1로 정해놓으니 십의 자리에 올 수 있는 수는 2, 3, 4, 5 중 어느 한 수가 되겠지. 십의 자리 경우의 수도 마찬가지로 2인 경우의 수만 구하고 4를 곱하면 되겠지. 그러니까 세 자리의 정수는 〈식 1.3.3〉이 나오는 게 당연하겠어."

지민은 종관이 너무 뻔한 이야기를 하는 것 아니냐는 눈빛이다. 반면 동의의 눈빛으로 받아들인 종관은 확신에 찬 듯 원래의 문제에 대해 언급하였다.

"1에서 5까지, 5개의 수로 만들어지는 세 자릿수는 60개야. 모든 것을 표현하기는 그렇고 〈그림 1.3.5〉에 6개의 수만 표시했어.

그런데 이 6가지의 수는 분명 다른 수이지만 로또와 같은 조합의 경우에서는 해석이 달라. 6가지 각각의 경우가 단지 '1', '2' 그리고 '3'을 선택한 동일한 사례이거든. 순서에 관련된 6가지의 서로 다른 경우가 조합에서는 하나로 대응되는 상황이지."

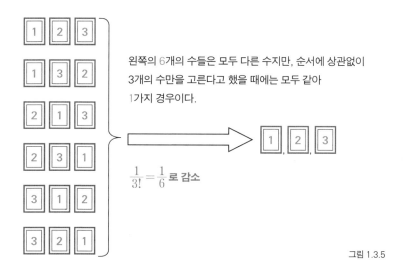

그림 1.3.5

종관이 그린 〈그림 1.3.5〉를 유심히 살피던 지민이 이윽고 고개를 끄덕인다.

"그러겠네. '2', '3', '4' 세 개의 수에 대해서도 분명 조합에서는 하나의 사례이지만 순열의 경우의 수는 6(3!＝3×2×1)가지야. 그래서 조합은 순열의 경우의 수에 3!로 나눠야 하는구나."

"그래, n개의 서로 다른 수로 r자리의 수를 만드는 경우의 수는 네가 얘기한 순열에 해당돼서 $_n\mathrm{P}_r$이 될 거야. 그런데 단지 r개를 선택하는 조합에서는 순서와 무관하므로 순열에서 구한 $_n\mathrm{P}_r$에서 r개를 일렬로 나열하는 경우의 수 $r!$을 나눈 값이 되어야겠지."

$$\therefore \ _n\mathrm{C}_r = \frac{_n\mathrm{P}_r}{r!} = \frac{n!}{r!(n-r)!}$$

순열과 조합

주어진 대상들의 집합에서 부분집합을 택하는 방법으로 순서를 고려하는가, 그렇지 않는가에 따라 순열과 조합으로 구분한다.

순열(順列, permutation)이란 서로 다른 n개의 원소에서 $r(\leq n)$개를 뽑아 한 줄로 세우는 경우의 수로, $_n\mathrm{P}_r$(혹은 $\mathrm{P}(n, r)$)로 나타낸다. P는 순열을 뜻하는 permutation의 앞 글자를 딴 것이다.

$$_n\mathrm{P}_r = \overbrace{n \times (n-1) \times \cdots \times \{n - (r-1)\}}^{r\text{개}} = \frac{n!}{(n-r)!}$$

예를 들어 A, B, C, D에서 두 개를 선택해서 나열하는 방법은 $_4\mathrm{P}_2 = 4 \times 3 = 12$로서 12가지가 된다.

$$\mathrm{AB, BA, AC, CA, AD, DA, BC, CB, BD, DB, CD, DC}$$

반면 **조합**(組合, combination)은 n개에서 r개를 순서에 상관없이 선택하는 경우로 위의 예에서 보면 AB, BA는 A와 B로 구성되어 있어서 조합에서는 하나가 된다. 마찬가지로 AC와 CA 역시 하나의 선택으로 취급되므로 순열의 경우의 수와 비교해서 조합의 경우의 수는 1/2!으로 줄어들게 된다. 기호로는 $_n\mathrm{C}_r$, $\mathrm{C}(n, r)$, 혹은 $\binom{n}{r}$으로 나타내며 다음과 같은 관계식이 성립한다.

$$_n\mathrm{C}_r = \frac{_n\mathrm{P}_r}{r!} = \frac{\overbrace{n \times (n-1) \times (n-2) \times \cdots \times (n-r+1)}^{r\text{개}}}{r!} = \frac{n!}{r!(n-r)!}$$

위의 식으로부터 다음의 관계도 만족한다.

$$_n\mathrm{C}_r = {_n\mathrm{C}_{n-r}}$$

(1.3.6)

고모부가 내준 숙제에서 하나는 해결한 셈이었다. 그런데 오히려 더 쉽다고 생각한 또 다른 문제인 〈식 1.1.5〉의 계산이 남아 있다. 더욱이 1부터 40까지의 합도 쉽게 구하는 방법을 찾지 못했다. 물론 그동안 새까맣게 잊고 있어서 고민하는 시간이 적었다지만 종관은 은근 자존심이 상했다.

"너, 그러면 1에서부터 40까지의 합을 쉽게 계산하는 방법은 알고 있냐?"

"아, 그건 원리도 알고 있다. 다음과 같이 계산하면 돼. 1부터 40까지의 합을 S라고 하고 하나는 1에서 40, 또 하나는 40에서 1까지 거꾸로 나열해보는 거야."

$$S = 1 + 2 + \cdots + 39 + 40$$
$$S = 40 + 39 + \cdots + 2 + 1$$

종관은 지민이 적어놓은 수식을 보고 무슨 의도인지 바로 알 수 있었다.

"우아, 이런 방법이 있구나! 그러니까 이제 이 두 식을 더하면 같은 위치에 있는 두 수의 합은 항상 41이 나오겠구나. 이 41이란 수가 40개 있으니까 쉽게 전체 합을 구할 수 있겠네."

$$S= \ 1+ \ 2+ \ 3+\cdots+38+39+40$$
$$+)\,S=40+39+38+\cdots+\ 3+\ 2+\ 1$$
$$2S=\underbrace{41+41+41+\cdots+41+41+41}_{\text{총 40개}}=40\times41=1640$$

$$\therefore S=\frac{40\times41}{2}=820$$

종관은 이렇게 쉽게 해결할 수 있었던 것을 무식하게 일일이 더했던 자기 자신이 원망스럽다. 그 과정을 옆에서 물끄러미 지켜보았을 고모부가 어떻게 생각하셨을까? 어쨌든 수의 패턴을 파악해서 해결하는 위의 방법은 경이로웠다. 일견 쉽게 생각해낼 수 있는 방법일 것도 같고, 아닌 건 같기도 하고…….

종관은 〈식 1.1.5〉의 문제를 다시 정리하여 지민에게 보여주었다.

$$
\begin{array}{ll}
1+2+\cdots+38+39+40 & =820 \\
1+2+\cdots+38+39 & =780 \\
1+2+\cdots+38 & =741 \\
\qquad\qquad\vdots & \\
1+2 & =3 \\
1 & =1 \\
820+780+741+\cdots+2+1=? &
\end{array}
$$

(1.4.1)

이 합을 구하는 문제를 보더니 지민도 난처한 표정을 짓는다. 그렇게 어려운 문제로 보이지 않고 비슷한 문제를 풀었던 기분은 들지만 풀이방법이 얼른 생각나지 않았다. 막막한 마음에 지민은 일단 자기가 알고 있는 지식을 종관에게 설명했다.

"어떤 규칙에 따라 나열한 수들을 '**수열**'이라고 해. 특히 일정한 수의 간격으로 배열될 때 '**등차수열**'이라고 하지.

① 1, 2, 3, … : 간격 1

② 1, 3, 5, … : 간격 2

③ 2, 4, 6, … : 간격 2

①과 ②의 수열은 1부터 시작하지만 앞뒤 수의 차이가 각각 1과 2의 차이가 있어서 다른 수열이고, ②와 ③은 앞뒤 수의 차이는 2로 같지만 시작하는 수가 달라서 역시 다른 수열이지."

"뭐, 별것 아니네."

"등차수열의 종류는 셀 수 없이 많지만 방금 말한 두 가지 관점에서 분류가 가능해. **앞뒤에 있는 수의 차이와 시작하는 수로 구분**한다는 것이지. 이때 그 차이를 **공차**, 첫 번째 수를 **초항**이라 해서 각각 기호로 d, a라 하면 다음과 같은 식으로 표현할 수 있어.

$$a, a+d, a+2d, a+3d, \cdots$$

세 번째 항이 $a+2d$이듯이 n번째 항은 $a+(n-1)d$가 되는 것이지. 항들을 구분하기 위해 첫 번째 항을 a_1, 두 번째 항을 a_2, $\cdots$, n번째 항을 a_n이라 하여 다음과 같이 적어."

$$a_n = a + (n-1)d \qquad \text{(1.4.2)}$$

그리고 〈식 1.4.2〉를 등차수열의 **일반항**이라고 해."

"잠깐만, 아무것도 아닌 내용을 군이 수식으로 바꾸는 이유가 뭐야? 더군다나 문자까지 써가면서……. 수를 갓 배운 유치원생도 알 만한 내용인데 왜 이해하기 힘든 식으로 바꾸는 거지?"

등차수열 정도는 단순한 계산으로 바로 답을 구할 수 있는데 왜 복잡하게 문자로 된 식으로 처리하느냐는 종관의 항변이었다. 사실 종관은 수학의 이러한 점이 항상 불만이었다.

"네 말이 맞아. 하지만 그렇게 하는 이유가 있지 않을까? 편리하다든지 분명 어떤 이점이 있으니까 사용하는 거 아니겠어?"

"휴~~~, 그럴 수도 있겠지. 하지만 왜 복잡한 수식으로 표현하는지 진짜 이해가 안 돼. 그래서 공부하기 싫을 때가 많아."

"야, 그건 핑계 같다."

"그런가?"

멋쩍게 미소 짓던 종관은 지민이 얘기한 내용을 바탕으로 앞서 예를 든 세 가지 등차수열의 일반항을 직접 표현해 보았다.

"흠, 그래서 네가 예로 보여준 수열에서 ①은 초항이 1, 공차가 1이고, ②는 초항 1, 공차 2, ③은 초항 2, 공차 2이니까 일반항은 〈식 1.4.2〉에 그대로 적용하면 다음과 같이 되겠군."

① $1, 2, 3, \cdots : a_n = n$

② $1, 3, 5, \cdots : a_n = 2n - 1$

③ $2, 4, 6, \cdots : a_n = 2n$

종관이 지민의 설명을 빠르게 이해하고 세 수열에 대한 일반항을 구하였다. 그러자 지민은 표현상의 오류를 한 가지 지적했다.

"수열의 종류가 많듯이 앞의 세 수열을 모두 a_n이라고 하면 이상하잖아. 각각의 수열에 다른 이름을 붙여야 구분이 될 테니까 ②는 b_n, ③은 c_n으로 바꾸는 게 센스이겠지."

지민은 그동안 학원 등에서 수식으로 많은 연습을 해왔기 때문에 기호에 대한 거부감이 종관보다는 덜했다. 그래서 기호를 활용하는 것은 확실히 종관보다 나았다.

"일반항에는 함수의 개념도 들어가 있어."

"함수?"

지민은 설명을 하는 과정에서 머릿속에 흩어져 있던 지식들이 제자리를 찾아가는 듯 정리되는 느낌이 들었다. 지금껏 그냥 무심코 넘겼던 지식의 숨어 있는 의미를 발견하는 것도 같았다. 일반항과 함수가 비슷한 개념이라는 것도 설명과정에서 떠오른 발상이었다.

"응, 함수. 예를 들어 1, 3, 5, …로 진행되는 ②의 수열 $\{b_n\}$의 일반항 $b_n = 2n-1$에서 100번째 항의 수는

$$b_{100} = 2 \cdot 100 - 1 = 199$$

이듯이 변수를 n으로 보면 일차함수와 마찬가지이잖아."

"오, 그러겠네. 생각보다 너 설명 제법 하는데. 그런 이점으로 보면 수식으로 표현한 의도가 분명 있기는 하겠어."

"맞아, 가령 777은 몇 번째 항인지도 바로 알 수 있잖아?"

잠시 생각하던 종관이 끄덕인다.

"확실히 그러긴 하네. 일반항을 무시하고 알아내려면 일일이 따져야 하

는데 일반항으로는 바로 몇 번째 항인지 알 수 있어."

$$b_n = 2n - 1 = 777$$

$$\therefore \ n = 389$$

뭔가 나름 깨닫는 것이 있는 종관이다.

"그건 그렇고 원래 문제로 돌아와서 〈식 1.4.1〉, $820, 780, 741, \cdots$로 진행하는 수들은 등차수열이 아닌데 이런 경우에도 일반항이 있기는 하냐?"

등차수열

등차수열(arithmetic sequence, 等差數列)은 연속하는 두 수의 차이가 일정한 수열을 뜻한다. 한 예로 $1, 3, 5, \cdots$와 같은 수열이 있으며 여기서 두 수의 차이인 2를 **공차**(common difference)라고 한다. 수열의 첫 항을 a_1, 공차를 d라고 하면 등차수열의 n번째 a_n항은 다음과 같이 나타내며, 이를 등차수열의 **일반항**이라 한다.

$$a_n = a_1 + (d + d + \cdots + d) = a_1 + (n-1)d$$

$$a_n = a_1 + (n-1)d$$

한편 초항 a_1부터 n번째 항 a_n까지의 합 S_n는 다음과 같은 공식으로 나타낸다.

$$S_n = \frac{n(a_1 + a_n)}{2} = \frac{n\{2a_1 + (n-1)d\}}{2} \qquad (1.4.3)$$

이것은 다음과 같은 방법으로 유도할 수 있다.

$$S_n = a_1 + a_2 + \cdots + a_{n-1} + a_n$$

$$S_n = a_n + a_{n-1} + \cdots + a_2 + a_1$$

이제 위의 두 식을 변변 더하면 다음과 같다.

$$2S_n = (a_1 + a_n) + (a_2 + a_{n-1}) + \cdots + (a_{n-1} + a_2) + (a_n + a_1)$$

$$= \{2a_1 + (n-1)d\} + \{2a_1 + (n-1)d\} + \cdots + \{2a_1 + (n-1)d\}$$

$$= n\{2a_1 + (n-1)d\}$$

$$\therefore S_n = \frac{n\{2a_1 + (n-1)d\}}{2}$$

05

기호 Σ의 의미

종관의 질문에 대한 답은 지민 역시 알지 못했다. 분명 학원에서 배운 기억은 있지만 도통 생각이 나질 않았다. 지민은 생각을 더듬다가 종관에게 또 다른 수학 기호를 설명해주기로 마음먹었다. 뛰어난 발상을 자주하는 녀석이라 해결책을 찾을 수 있지 않을까 하는 기대감이 있었기 때문이다.

"이제 1에서부터 10까지의 합을 구하는 상황을 생각해볼까? 그런데 그 수들을 일일이 적기가 귀찮아. 그래서 수학에서는 Σ(시그마)라는 기호를 사용해서 간단하게 처리해버려."

$$\sum_{k=1}^{10} k = 1+2+3+4+5+6+7+8+9+10$$

지민은 자신이 배웠던 내용을 조리 있게 설명하려고 노력했다.

"Σ라는 기호 위와 아래에 적은 건 무슨 의미야?"

"$k=1$로 적힌 것의 의미는 k라는 문자의 값을 1부터 시작하라는 것이고, 위에 적힌 10은 10까지 변화시키라는 뜻이야. 조금 어렵나? 내가 〈그림 1.5.1〉로 표현해볼게. 너라면 쉽게 이해할 거야."

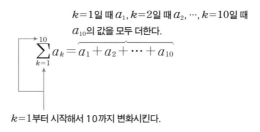

$$k=1일 때 a_1, k=2일 때 a_2, \cdots, k=10일 때$$
$$a_{10}의 값을 모두 더한다.$$
$$\sum_{k=1}^{10} a_k = \overbrace{a_1 + a_2 + \cdots + a_{10}}$$

$k=1$부터 시작해서 10까지 변화시킨다.

그림 1.5.1

"진짜 수학은 왜 이렇게 기호가 많냐? 이러니 수학이 어렵다는 말이 나오지."

약간은 짜증 섞인 말이다. 확실히 수학 기호가 익숙지 않던 종관은 로또 문제 하나 푸는 데 순열이니 조합이니 하는 P, C를 포함해 $\sum$라는 생전 처음 보는 이상한 기호가 연속해서 나오니 머리가 지끈지끈 아파오는 것 같았다.

"그래서 뭘 얘기하려고 시그마 기호까지 언급하는 거야?"

"예를 들어 1부터 100까지의 합을 $1+2+\cdots+99+100$이라고 매번 적는 것보다는 $\sum_{k=1}^{100} k$라고 적어봐. 얼마나 우아하냐?"

"우와, 그럴 수도 있겠네. 네 설명을 들으니 $\sum$를 쓰는 이점은 좀 알겠어. 그런데 표현의 이점 빼고 다른 장점은 없어? 이 기호가 또 어디에 활용되는데?"

종관이 보기에 기호의 편리성은 동감하지만 수학자들이 만들어놓은 방법만을 따르라고 강요하는 듯한 느낌을 지울 수 없었다.

"분명 편리한 점이 있고말고. 여기에서 파생된 다음과 같은 공식이 그

증거라 할 수 있어."

$$1+2+\cdots+n=\sum_{k=1}^{n}k=\frac{n(n+1)}{2} \tag{1.5.2}$$

$$1^2+2^2+\cdots+n^2=\sum_{k=1}^{n}k^2=\frac{n(n+1)(2n+1)}{6} \tag{1.5.3}$$

$$1^3+2^3+\cdots+n^3=\sum_{k=1}^{n}k^3=\left\{\frac{n(n+1)}{2}\right\}^2 \tag{1.5.4}$$

"그러니까 예를 들어 $1^2+2^2+\cdots+9^2+10^2$의 합을 구한다고 하면 〈식 1.5.3〉에 $n=10$을 대입해서 다음과 같이 계산된다는 거지. 봐, 얼마나 쉽고 편하게 답을 구할 수 있냐?"

$$\frac{10(10+1)(2\times10+1)}{6}=385$$

위의 계산을 손으로 직접 확인한 종관이 끄덕이며 말을 한다.

"신기하긴 하네. 단 한 번의 계산으로 답을 구할 수 있으니. 그러면 이러한 식들이 어떻게 나왔어? 그리고 $1^4+2^4+\cdots+n^4$에 대한 식은 왜 안 적었냐?"

조금은 빈정거리는 말투였다. 종관은 자신이 모르는 것이 많다는 생각에 자격지심으로 지민에게 계속 공격적인 어투로 질문을 해댔다.

"유도하는 건 잘 모르겠어. 그리고 $1^4+2^4+\cdots+n^4$에 대한 것은 전혀 배우지 않았는데? 그런 것도 있을 수 있겠구나. 있더라도 아마 별 도움이 되지 않기 때문에 안 배운 게 아닐까?"

"그렇다고 해도 궁금하잖아. ∑라는 기호야 긴 식을 일일이 써야 하는 번거로운 수고를 덜려고 수학자들이 만든 것이라고 쳐. 그런데 $\sum_{k=1}^{n}k^2$이나 $\sum_{k=1}^{n} k^3$의 결과가 왜 앞의 식처럼 되는지, $\sum_{k=1}^{n} k^4$ 혹은 $\sum_{k=1}^{n} k^5$ 등 그 이상에 대해서는 어떻게 되는지 너는 알고 싶지 않냐?"

종관에게 꼬치꼬치 질문 폭격을 받자 지민은 대답이 궁색해졌다. 입술에는 희미하게 경련이 일었다.

"야, 공부할 분량도 많은데 어떻게 일일이 모든 걸 알고 넘어갈 수 있겠냐? 특히 수학은 긴긴 역사 속 수많은 천재들이 연구해서 얻은 이론들인데 웬만하면 그냥 그렇구나 하고 넘어가는 것도 좋지 않겠어?"

지민이 반발했다. 그러나 계속 튀어나오는 기호와 식들에 지쳐서일까, 아니면 자기 자신이 너무 모른다는 사실에 기분이 상할 걸까? 종관은 마음 깊숙한 곳에서 짜증이 올라오기 시작했다.

"아니야, 너는 항상 그렇게 아무 생각 없이 받아들이기만 하니까 막상 응용해서 나온 문제나 처음 접하는 문제는 풀지 못하는 거야. 오늘 수학 시험도 약간 까다롭게 나오니까 망친 것 아니겠어."

"뭐라고? 그런 너는 공부라도 하냐? 잔머리나 쓸 줄 알지 사실 아는 것도 별로 없잖아. 오늘 내가 말해준 조합이나 시그마 기호도 전혀 알지 못하면서."

"야! 그건 아직 학교에서 배우지 않았잖아."

서로 인신공격성의 발언이 오고 가기 시작했다. 더 이상의 대화는 의미가 없었다.

"에이, 기분 나빠서 잘난 너랑은 더 이상 말을 못 하겠다. 혼자 잘해봐라!"

지민은 커피숍을 박차듯이 나갔다. 혼자 덩그러니 남겨진 종관은 시간이 흐르자 마음이 착잡해진다. 왜 그런 말을 했는지 후회스러워서 멍청히 자리를 지키고 있었다. 한참 후 저녁에 영화 보기로 한 약속도 잊고 자리에서 일어나 집으로 발길을 돌렸다.

06

수학적 귀납법

〈식 1.5.2~1.5.4〉를 보면 수학자들이 왜 수많은 기호를 사용하는지 충분히 이해가 간다. 일일이 계산할 필요도 없이 깔끔하게 결과를 얻어내는 이와 같은 식들은 번거로운 절차를 단번에 해결하는 기교로 가히 예술적이라 할 만하다. 지민과 다툰 일이 마음에 걸렸지만 종관은 이들 수식이 어떻게 도출된 것인가 하는 물음에 더 사로잡혀 있다.

그러면서 또 다른 의문이 떠올랐다. 과연 이 식들이 모든 수에 성립하기는 하는 것일까? $n=10$까지 정확하다는 것은 자신이 직접 계산을 해서 확인한 사실이다. 분명 $n=100$까지도 성립할 것이고, 또 그 이상의 수에서도 만족하겠지만 그렇다고 단정 짓기에는 뭔가 부족했다.

그때 현관 벨이 울렸다. 고모와 초등학생인 사촌 여동생이었다. 종관은 고모에게 인사도 하지 않은 채 고모부부터 찾았다.

"야, 네가 언제부터 고모부를 찾았냐? 고모부 안 오셨거든. 그리고 고모한테 인사도 하지 않고 말이야."

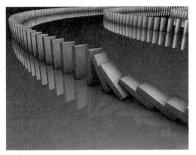
그림 1.6.1

"하하, 고모. 오셨어요?"

9시가 다 되어 고모부가 고모와 막내 딸을 데리러 종관의 집에 들렀다. 종관은 오후에 지민과 얻은 결과를 비롯해서 궁금증을 고모부에게 쏟아냈다.

"그러니까 네 말은 〈식 1.5.2~1.5.4〉가 어떻게 유도된 건지 궁금하기도 하고, 더불어 그 식이 과연 모든 수에 적용되는지가 또 의문스럽다는 거잖아. 어떻게 그런 생각을 했어? 이런 의문점을 갖기 쉽지 않은데……. 보통은 그냥 아무 생각 없이 받아들여 이용하는 법만 아는 것으로 그치는데 말이야." 고모부가 놀라워했다. "너, 도미노 게임이 뭔지 알지?"

"예. 당연하죠. 여러 조각들을 잇달아 세운 다음, 맨 앞의 조각을 쓰러뜨리면 세워진 순서대로 쓰러지는 거잖아요?"(그림 1.6.1)

"그래, 도미노는 앞의 패가 쓰러지면 그다음 패는 자동으로 쓰러지게 되어 있어. 기네스북에 등재시키려고 도미노 패를 엄청나게 늘여놓고 쓰러뜨리는 장면을 TV에서 본 적 있지? 그야말로 장관이잖아. 도미노는 연쇄효과같이 차례대로 쓰러지게 되는데, 수학에서 이러한 원리를 이용해 증명하는 방법이 '**수학적 귀납법**'이야."

도미노 효과를 수학에서 이용한다는 말은 처음 듣는 이야기였다. 종관은 궁금하고 의아한 표정으로 고모부 얘기에 더 귀를 기울였다.

■   수학적 귀납법을 처음 인식한 수학자는 마우롤리쿠스(Maurolycus, 1494~1575)이며, 방법을 더욱 체계적으로 정리한 이는 파스칼(1623~1662)이다.

"식 중의 하나인 $\sum_{k=1}^{n} k^2 = \dfrac{n(n+1)(2n+1)}{6}$ 이 모든 수에 적용된다는 것을 무조건 받아들이지 않았던 네 자세는 아주 훌륭해. 사실 그래, $n=100$까지 일치했다고 그 이상의 모든 수에 대해서도 성립한다고 주장하는 것은 매우 비논리적이라 할 수 있어. 그렇다고 모든 수를 대입해 따져보는 것은 말이 되지 않지. 자연수는 끝이 없으므로 무한의 작업이 될 테니까. 바로 이러한 **무한의 작업을 일거에 해결하고자 수학자들이 고안한 증명법이 '수학적 귀납법'**이야. 도미노의 원리를 이용한 방법이지."

"……."

모든 자연수를 대입해서 확인하지 않고서도 일거에 해결? 종관은 고개를 갸웃거릴 수밖에 없었다.

"1부터 모든 수를 일일이 대입해서 성립함을 보여야 된다는 생각은 버리고 이렇게 생각을 바꿔보면 어떨까? 가령 $n=1$에 대해 성립하면 자연스럽게 $n=2$에 대해서도 성립한다는 것을 보이는 거야." 종관이 다시 고개를 갸웃거렸다. "그러니까 하나가 성립하면 바로 그다음의 것도 성립한다는 사실만 찾아내면 되지 않겠냐는 말이지."

그제야 말의 의미를 이해한 듯 종관이 입을 열었다.

"아, 고모부! 그러니까 $n=1$에 대해서 성립하면 자연스레 $n=2$에 대해서도 성립하게 될 것이고, 또 $n=2$에 대해서도 성립하므로 마찬가지 원리로 $n=3$에 대해서도 성립, …, 이렇게 진행되면 모든 수에 대해 성립한다고 주장할 수 있다는 말씀이신가요?"

"그렇지, 연쇄효과야. 어떤 원리를 담고 있는 명제군[■] $P_1, P_2, \cdots, P_n$에

■　　참과 거짓을 판별할 수 있는 식이나 문장을 명제라고 한다.

(1) $n=1$일 때, 명제 P_1이 성립하는 것을 증명한다.

(2) $n=k(\geqq1)$일 때, 명제 P_k가 성립한다면 명제 P_{k+1}도 성립하는 것을 증명한다.

(1)에 의해 P_1이 성립한다.

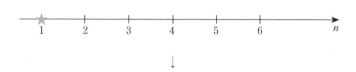

↓

(2)에 의해 P_1이 성립하므로 P_2도 성립한다.

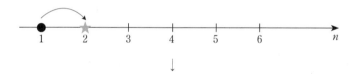

↓

(2)에 의해 P_2가 성립하므로 P_3도 성립한다.

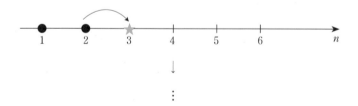

↓

⋮

그림 1.6.2

대해 하나가 성립하면 바로 그다음 것이 성립한다는 것만 증명되면 도미노처럼 그 이후의 모든 것에 대해서는 자연스럽게 성립함을 보인 것과 마찬가지란 말이지. 이는 곧 모든 자연수에 대해 성립함을 뜻하는 것이고. 이러한 과정을 수학적 기호로 표현하면 〈그림 1.6.2〉와 같아. 모든 자연수에 대해 성립함을 보여야 하는 난해한 상황에 처했을 때 귀납법은 이 난점을 일거에 해결해줄 수 있는 강력한 증명법인 셈이지."

"듣고 보니 너무도 놀랍네요. 어떻게 이런 훌륭한 방법을 고안해냈을까요?"

"글쎄, 누가 생각해냈는지는 몰라도 나도 이런 방법을 접할 때마다 경이로움을 느끼곤 해. 대단하잖아. 이런 것이 수학이지 않겠어?"

종관은 수학이라는 세계가 자신이 생각했던 것과 차원이 다르다는 것을 서서히 자각하기 시작했다. 뭐라고 형언하기 힘들지만 제대로 공부하면 정말로 우아한 세계일 수 있겠구나 하는 생각이 싹트기 시작한 것이다.

"그런데 〈그림 1.6.2〉의 (2)를 보여야 함은 충분히 이해가 되지만 (1)에서 $n=1$에 대해서는 왜 증명해야 하나요?"

"(2)만 증명되는 상황을 도미노에 비유하자면 패들을 일렬로 잘 정렬만 한 경우라 할 수 있지. 이것이 작동되기 위해서는 맨 앞의 패를 쓰러뜨려야 하잖아. 도미노 맨 앞의 패가 모든 패들을 연속적으로 넘어뜨리게 하는 시발점과 같은 역할을 하듯 $n=1$에 대해 증명이 필요한 것이지."

"알겠어요."

"그런데 수학은 알고 있다고 생각했던 것도 막상 시험에서 전혀 써먹지 못할 때가 많아. 이 내용도 몇 차례 훈련을 통해 자신의 것으로 만들어야 이해했다고 말할 수 있어. 일단 내가 한 가지 예로 $\sum_{k=1}^{n} k^2 = \dfrac{n(n+1)(2n+1)}{6}$에 대해서 보여줄게."

(이에 대한 증명은 이번 절 끝에 수록했다.)

종관은 고모부의 말을 곰곰이 되새기면서 $\sum\limits_{k=1}^{n} k^3$에 대해서도 수학적 귀납법을 이용해 직접 증명을 해보았다. 아직 100퍼센트 이해하지 못해 증명과정은 서투르기만 했다. 하지만 이와 같은 기교로 간단하게 모든 수에 대해 증명을 해보일 수 있다는 점에서 종관은 수학이라는 학문의 매력을 확실히 느끼기 시작했다.

수학적 귀납법의 증명 예

수학적 귀납법을 이용한 $\sum\limits_{i=1}^{n} i^2 = \dfrac{n(n+1)(2n+1)}{6}$ 증명 방법

(1) $n=1$일 때

$$좌변 = \sum_{i=1}^{1} i^2 = 1^2 = 1, \quad 우변 = \frac{1(1+1)(2 \times 1 + 1)}{6} = 1$$

좌변과 우변이 같으므로 $n=1$일 때 성립한다.

(2) $n=k$일 때 성립한다고 가정한다. 즉,

$$\sum_{i=1}^{k} i^2 = \frac{k(k+1)(2k+1)}{6} \tag{1.6.3}$$

이다. 귀납법으로 증명하고자 할 때 제일 염두에 두어야 할 것은 최종적으로 보여야 할 것이 무엇인지를 인지하고 있어야 한다는 점이다. $n=k+1$일 때에도 성립함을 보여야 하는 것이므로 가정의 식 〈1.6.3〉으로부터 다음의 식을 유도해야 한다.

$$\sum_{i=1}^{k+1} i^2 = \frac{(k+1)(k+2)(2k+3)}{6} \tag{1.6.4}$$

〈식 1.6.3〉의 양변에 $(k+1)^2$을 더해주면

$$\text{좌변} = \sum_{i=1}^{k} i^2 + (k+1)^2 = \sum_{i=1}^{k+1} i^2$$

$$\text{우변} = \frac{k(k+1)(2k+1)}{6} + (k+1)^2 = (k+1)\left\{\frac{k(2k+1)}{6} + (k+1)\right\}$$

$$= (k+1)\frac{2k^2 + 7k + 6}{6}$$

$$= \frac{(k+1)(k+2)(2k+3)}{6}$$

좌변과 우변의 값이 같고, 이는 곧 〈식 1.6.4〉를 뜻하므로 $n = k+1$일 때에도 성립함을 의미한다. 따라서 모든 자연수에 대해 성립한다.

07
행운의 카드 문제

한 가지 의문은 해결되었지만 모든 의문점이 풀린 것은 아니었다.

"그런데 고모부, $\sum\limits_{k=1}^{n} k^2$의 계산식 $\dfrac{n(n+1)(2n+1)}{6}$ 을 처음부터 직접 유도할 수 있나요? 제 생각에는 직접 구하는 방법도 있을 것 같은데요. 또 $\sum\limits_{k=1}^{n} k^4$에 관련된 수식도 있을 것 같은데 뭐예요?"

"당연히 구할 수 있지. 하지만 모든 것을 너무 쉽게 얻는 것도 능사는 아냐. 네가 천천히 생각해보고 스스로 알아낼 수 있다면 금상첨화겠지. 쉽지는 않겠지만." 고모부는 빙긋이 미소를 지으며 얘기했다. "그건 그렇고 네 친구 지민이는 수학에 대해 많이 알고 있는 것 같구나."

"꽤 열심히 공부하는 편이에요. 제가 여러 가지 물어보면 곧잘 답은 주는데 시험을 보면 생각 외로 점수가 잘 나오지 않는가 봐요."

"얘기를 들어보니 너와는 좀 반대 성향을 지닌 것 같아. 너는 가끔 기발한 생각을 하지만 더 훌륭한 발상을 할 지식이 적은 편이고, 그 친구는 지식은 많은 것 같지만 자기 것으로 소화하지 못해서 지혜를 발휘하지 못하고 있는 느낌이랄까. 너무 빠르게 지식을 습득하다 보니 자신의 지식을 적재적소에 활용할 능력이 부족한 거지."

"고모부 말씀이 맞는 것 같아요. 가만히 보면 저는 잔머리만 쓰는 스타일, 걔는 곧이곧대로 문제만 푸는 스타일이에요."

"한마디로 모든 것을 단정 지을 수는 없으니까 너무 실망하지는 마라. **수학은 진도가 빠르면 독이 돼서 돌아오는 학문이야. 시간이 걸리더라도 기본이 튼실하게 구축되었을 때 나중에 습득 속도가 엄청 빨라져.** 마치 저울과 같다고나 할까? 저울은 어느 한쪽으로 흔들리면 반드시 반대쪽으로도 그만큼 흔들리잖아? 공부도 비슷해서 어느 한쪽으로 치우치게 되면 오히려 역효과가 나. 그런데 대부분의 학부모나 학생은 그것을 모르고 선행학습을 통해 속전속결로 진도를 빼는 경향이 있어. 자신의 수준에 어울리지 않는 지식을 집어넣다 보면 결국 아무런 생각 없이 수학을 공부하게 되지."

그때 고모부의 막내딸이 둘 사이의 불청객(?)으로 끼어들었다.

"아빠, 집에 가자."

"그래, 막둥. 가야지. 오빠한테 하나만 더 얘기하고." 박사는 종관에게 다시 말을 건넸다. "로또 문제 하나는 해결했으니까 이번에는 다른 문제를 줄게. 네 친구 지민과 함께 의논하면서 풀다 보면 서로의 부족한 점을 메우는 좋은 계기가 될 것 같은데, 어때?"

"당연히 좋죠."

"문제는 아주 간단해. 누구나 이해할 수 있는 문제이지. 000000부터 999999까지 여섯 자리 수가 적혀 있는 100만 장의 카드에서 처음 세 자릿수의 합과 나머지 세 자릿수의 합이 같은 카드를 '행운의 카드'라 하자고.(그림 1.7.1) 아마도 대부분의 카드는 조건에 맞지 않겠지. 그렇더라도 조건에 맞는 행운의 카드 수도 꽤 되지 않겠어? 자, 그러면 이 100만 장의 카드 속에 숨어 있는 행운의 카드는 과연 몇 장이나 될까?■ ”

　종관은 약간 의아하다. 언뜻 보아선 문제가 쉬워 보였기 때문이다. 조금 파고들다 보면 혼자서도 충분히 해결할 수 있을 것 같았다. 그런데 둘이서 협력해서 풀라고? 물론 지금껏 고모부가 내준 문제는 쉽게 해결된 적이 한 번도 없었다. 종관은 심사숙고라는 말을 떠올리며 문제를 다시 되짚어보았다.

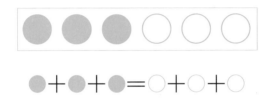

그림 1.7.1

■　　이 문제는 '**키릴로프의 문제**'(Kirillov's lucky number problem)로 알려져 있다.

몬티 홀 문제

몬티 홀 문제는 미국의 TV 게임 쇼 〈Let's Make a Deal〉에서 유래한 퍼즐로, 이 게임 쇼의 진행자 몬티 홀의 이름에서 따온 것이다. 먼저 어떤 문제인지 살펴보자.

당신은 세 개의 문 중에 어느 하나를 선택하여 문 뒤에 있는 선물을 가져갈 수 있는 게임 쇼에 참가했다. 한 문 뒤에는 최고급 스포츠카가 있고, 나머지 두 문 뒤에는 염소가 있다. 당신이 문 하나를 선택했을 때, 진행자는 나머지 두 문 중에 염소가 있는 문을 열어서 보여준다. 물론 진행자는 어느 문에 스포츠카가 있는지 이미 알고 있기에 선택되지 않은 나머지 두 문에서 염소가 있는 문을 골라 보여줄 수 있다. 이때 사회자는 당신에게 제안을 한다. "당신은 선택했던 문을 바꾸시겠습니까?"

당신은 스포츠카 선물을 받기 위해서 처음에 선택했던 번호를 바꾸는 것이 유리할 것인가, 그대로 있는 것이 유리할 것인가? 아니면, 바꾸든 안 바꾸든 스포츠카를 뽑을 확률은 그대로일까? 당신이라면 어떻게 할 것인가?

직관적으로 생각해보면 확률의 변화가 바뀔 수 있겠나 싶어 그냥 처음 선택을 유지하는 사람이 꽤 있을 것이다. 괜히 바꿨다가 원래 선택한 문에 스포츠카가 있었으면 낭패가 아닌가?

정답부터 이야기하자면, 선택한 문을 바꾸는 것이 확률상 훨씬 좋다. 이것은 직관에 의한 판단과 완전히 상반되는 결과이다. 그렇다면 왜 선택을 바꾸는 것이 더 유리할까? 이 문제에 대한 해답은 경우를 따져보는 것이 좋은 접근방법이다. 아래 그림을 보자.

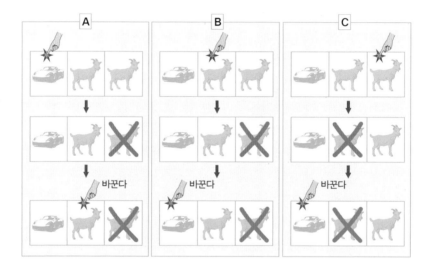

일단 스포츠카가 1번방에 있다고 하자. (물론 2번방이든 3번방이든 결과는 동일하다.) 처음 선택할 때 당신은 1번 · 2번 · 3번방 중 어느 하나를 선택할 수 있다.

먼저 A의 그림과 같이 1번방 스포츠카를 선택했을 때 사회자는 남은 두 개의 방에서 어느 방이든 하나를 열어서 염소가 있음을 보여준다. 그리고 다시 선택의 시점에서 당신이 선택을 바꾸면? 이 경우는 염소를 고르게 된다. 하지만 B와 C의 경우에는 처음 선택에서 염소를 골랐지만 이후 사회자가 남은 두 개의 방에서 염소의 방을 열어줄 수밖에 없으므로 남은 하나의 방에는 스포츠카가 있게 된다. 따라서 선택을 바꾸면 무조건 스포츠카를 획득하게 된다. 결론적으로 선택을 바꿀 시에 스포츠카를 골라내게 되는 경우가 3가지 중에서 2가지이므로 확률적으로 더 높다는 점을 쉽게 알 수 있다.

왜 이런 결과가 나오는 것일까? 분명 처음 시점에서 스포츠카를 고를 확률은 1/3이고, 염소를 고를 확률은 2/3가 된다. 그런데 당신이 무조건 선택을 바꾼다고 마음먹었을 때 어떤 일이 일어날까? 염소를 선택할 경우에서 보면 스포츠카와 염소가 있는 두 개의 방이 각각 남고 사회자는 무조건 염소가 있는 방의 문을 열어서 보여줘야 한다. 그러면 남은 하나의 방은 무엇이 남게 되겠는가? 당연히 스포츠카이다. 따라서 선택을 바꾸게 되면 무조건 스포츠카를 선택할 수 있다.

직관만으로 이 문제를 이해하기란 어려울 수 있다. 사실 직관은 순수한 지성에 의해 발휘되는 능력으로, 정확한 지식이 뒷받침될수록 강력한 힘을 지닌다. 수학과 과학을 함에 있어서 처음에는 가설을 세우고 이를 검증하게 되는데, 이때 부족한 지식에 의존한 직관으로 가설을 세울 경우 엉뚱한 결론을 얻게 된다. **정확하고 냉철한 직관은 많은 지식이 갖춰진 밑바탕 위에서 가능한 것이다.**

1.1 ☆

1000에서 9999까지의 4자리의 정수에서 하나를 뽑았을 때 같은 숫자가 2개 이상 나올 확률을 구하라. (1123, 1353, 7717, ⋯ 등의 수)

1.2 ☆☆

오른쪽 그림을 연필을 떼지 않고 한 번에 그리는 방법의 수를 구하라.

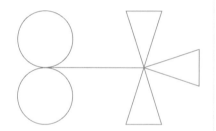

☆☆

(1) A, B, C, D의 네 팀이 토너먼트로 승부를 가릴 경우 아래의 그림과 같이 세 가지가 가능하다. 만약 8개 팀이 마찬가지 방식으로 승부를 가린다면 몇 가지 경우가 가능할까?

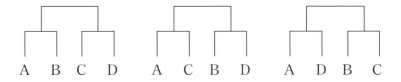

(2) A, B 두 팀이 한국시리즈에서 맞붙었다. 먼저 4승을 하는 팀이 우승을 하게 된다. 한 팀이 시합에서 이길 확률은 50%로 같다. 한국시리즈가 6차전에 끝날 확률은? 또한 7차전에 끝날 확률은 6차전에 끝날 확률과 비교하면 어떻게 될 것인가?

14 ☆☆☆

반지름 1인 원에 내접하는 사각형 ABCD에서 네 개의 내각 ∠A, ∠B, ∠C, ∠D를 적당히 배열하면 등차수열을 이룬다. ∠A가 최소이고, 대각선 BD의 길이는 $\sqrt{2}$이다. 이때, ∠A, ∠B, ∠C, ∠D의 값을 구하라.

1.5 ☆☆☆

아래와 같은 도로망이 있다.

(1) 점 O에서 점 P까지 도달하는 최단 경로의 개수를 구하라.

(2) 선분 AB를 지나지 않고 점 O에서 점 P까지 도달하는 최단 경로의

   개수를 구하라.

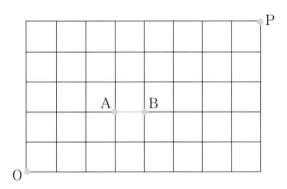

```
        1
       11
       12
      1121
     122111
    112213
   12221131
```

- -

기억력, 계산력, 추리력, 이해력, 언어능력을 검사해 지적 능력을 수치로 표현하는 IQ 테스트는 인간의 다양한 잠재 능력을 표현하지 못한다는 비판을 받고 있지만, 어느 정도 타당성이 있어 여러 분야에서 활용되고 있다. 그러한 IQ 테스트에 자주 나오는 유형 중 하나가 수의 배열문제이다. 위의 수열 다음에 나올 수는 무엇일까? (베르나르 베르베르의 소설 『개미』에 나온 문제)

2장
수열을 찾아라!

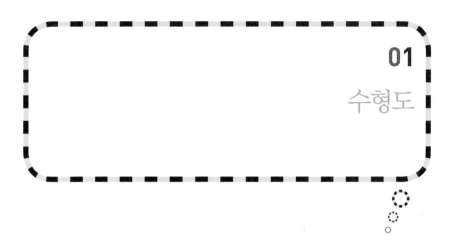

수형도

종관은 고모부가 내준 '행운의 카드' 문제가 흥미로웠다. 공부는 별로 안 좋아해도 특이한 수학 문제라면 사족을 못 썼으니까. 굳이 지민과 협력해서 풀어야 할 만큼 까다로운 문제 같지 않아 혼자 힘으로 풀어보기 시작했다.

먼저 조건에 맞는 수와 그렇지 않은 수가 어떤 차이가 있는지 그림을 그려 비교해보았다.

그림 2.1.1

종관은 여섯 자리 숫자를 임의로 쓴 다음, 앞의 세 자리와 뒤의 세 자리로 분리해서 생각을 해나갔다. 그리고 나니 세 자리의 합으로 나올 수 있는 수가 어떤 것이 있는지 살펴보는 일이 우선일 것 같았다. 0이 될 수도 있고, 1이 될 수도 있으며, 2, 3, … 등 여러 수가 가능하다. 그러면 어디까지? 하나의 자릿수에서 가장 큰 수는 9이므로 '999'일 때, 즉 27(=9+9+9)이 세 자릿수 합에서 가장 큰 경우이다.

세 자릿수의 합은 0에서부터 27까지 가능

가장 쉽게 생각할 수 있는 방법은 이랬다. 0부터 27까지 각각에 대해 모든 경우를 일일이 구하여 더해주면 못 구할 것도 없다! 물론 상당히 번거로운 일이다. 방법상 틀리지는 않겠지만 가장 무식한 방법이 될 것이다. 고모부의 말이 떠올랐다. 수학자들은 복잡한 계산을 싫어한다고. 그러면 단숨에 계산하는 방법이 있을 것이다. 어떤 방법일까? 한술에 배부를 수는 없다. 일단은 처음 생각한 방법을 시행하면서 찾아야 할 것이다.

세 자릿수의 합이 0이 되는 경우는 '000'일 뿐이므로 행운의 카드는 '000000' 하나만 존재할 것이다. 다음에는 세 자릿수의 합이 1이 될 때의 경우를 찾아보았다.

$$1 = 1 + 0 + 0 \quad \rightarrow \quad \text{'100'}$$
$$= 0 + 1 + 0 \quad \rightarrow \quad \text{'010'}$$
$$= 0 + 0 + 1 \quad \rightarrow \quad \text{'001'}$$

0과 1의 위치상의 문제일 뿐이므로 세 가지이다. 따라서 앞의 세 자릿수가 '100'일 때, 뒤의 세 자릿수도 '100', '010', '001'의 세 종류의 수가 붙을 수 있고, 마찬가지로 앞의 세 자릿수가 '010'과 '001'일 때에도 뒤의 세 자릿수로 세 종류가 붙는다. 결국 '곱의 법칙'에 의해 총 9(=3×3)가지가 가능할 것이었다.(그림 2.1.2)

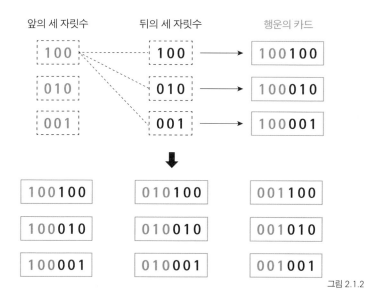

그림 2.1.2

역시 좋은 방법이 아니다. 그도 그럴 것이 세 수의 합이 되는 각 사례별로 경우의 수를 구해 제곱한 값을 다시 더하는 과정을 반복해야 하는데(표 2.1.3), 가능은 하겠지만 계산이 너무도 지저분하다. 한마디로 아름답지 못한 방법이다.

$$（세 수의 합이 0이 되는 경우의 수)^2$$

$$+ （세 수의 합이 1이 되는 경우의 수)^2$$

$$+ \cdots$$

$$+ （세 수의 합이 26이 되는 경우의 수)^2$$

$$+ （세 수의 합이 27이 되는 경우의 수)^2$$

표 2.1.3

'그래, 이런 식으로 구할 수는 없어. 로또의 경우의 수를 구할 때처럼 깔끔하게 해결하는 방법이 분명 있을 거야. 그 방법을 찾는 것이 고모부도 원하는 바겠지.'

그런 와중에 다행히 하나의 규칙을 찾을 수 있었다. 세 수의 합이 27이 되는 경우는 '999999' 하나의 사례만 있었다. 또한 합이 26이 되는 경우는 어떠할까? '899', '989', '998'의 세 가지이므로 여섯 자리의 수에서 앞의 세 자릿수의 합이 26, 뒤의 세 자릿수의 합이 26이 되는 행운의 카드 수는 앞서 합이 1이 되는 경우와 똑같이 '3×3=9'가지로 정확히 일치했다.(그림 2.1.4)

899899	989899	998899
899989	989989	998989
899998	989998	998998

그림 2.1.4

즉, 서로 대칭의 관계가 있었다. 따라서 세 자릿수의 합이 0이 되는 경우나 27이 되는 경우의 수가 같다. 마찬가지로 생각하면 합이 1과 26이 되는 경우의 수 역시 같고, 합이 2와 25가 되는 경우의 수도 같게 될 것임은 충분히 예측 가능하였다.

세 자리의 합이 0이 되는 경우의 수 = 세 자리의 합이 27이 되는 경우의 수

세 자리의 합이 1이 되는 경우의 수 = 세 자리의 합이 26이 되는 경우의 수

$$\vdots$$

세 자리의 합이 13이 되는 경우의 수 = 세 자리의 합이 14가 되는 경우의 수

↓

따라서 구하는 경우의 수는

    (세 자리의 합이 0이 되는 경우의 수)$^2 \times 2$

  + (세 자리의 합이 1이 되는 경우의 수)$^2 \times 2$

$$\vdots$$

  + (세 자리의 합이 13이 되는 경우의 수)$^2 \times 2$

표 2.1.5

수형도

점과 선으로 연결한 도형을 '**수형도**'라 하며, 어떤 사건이 일어나는 모든 경우를 나무에서 가지가 뻗어나가는 모양으로 그린다. 특히 경우의 수를 구할 때 수형도를 이용하면 편리하다. 예를 들어 1, 2, 3의 세 숫자로 만들 수 있는 세 자릿수를 수형도로 표현하면 다음과 같다.

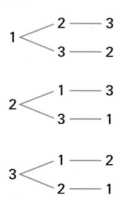

02
중복순열

한편 집에 돌아온 지민은 낮에 종관이 한 말을 곱씹었다. 틀린 말은 아니다. 어쩌면 자신도 느끼고 있던 약점을 집어내서 화가 났었는지도 모른다.

'왜 나는 생각할 줄 모를까? 답을 보면 거의 내가 알고 있는 공식을 사용해서 풀긴 하던데. 오늘 시험만 해도 어디서부터 손을 대야 할지 막막했어. 아마 답을 보면 풀 수 있는 문젠데, 라고 또 무릎을 치겠지.'

이런저런 생각에 잠겨 있을 때 전화벨 소리가 울렸다. 종관이었다. 전화 받기가 쑥스러웠다. 잠시 머뭇거리며 통화버튼을 눌렀다.

"지민아, 오늘 고모부를 만났거든. 그래서 낮에 우리가 논의했던 문제에 대해 설명을 들었어. 그건 다음에 만날 때 얘기해주고, 우선은 말이야." 언제 다퉜냐는 듯 다정하지만 약간은 흥분된 목소리였다. 둘 사이의 어색함이 한순간에 사라졌고, 종관이 계속 말을 이었다. "고모부가 우리 둘이서 해결해보라고 문제를 하나 내주셨어. 같이 풀어보자."

생뚱맞은 종관의 제안에 지민은 처음엔 당황했지만 호기심이 일었다.

"무슨 문젠데?"

종관은 행운의 카드 문제를 지민에게 설명했고, 두 사람은 내일부터 이 문제에 도전해보기로 약속했다. 전화를 끊고 지민은 연습장을 펼쳤다. 먼저 해결해보겠다는 보이지 않는 경쟁심이 일었다. 종관이 했듯이, 지민도 세 자릿수의 합이 0이 되는 카드는 하나, 1이 되는 경우의 수는 9가 됨을 알 수 있었다. 그러나 수가 커질수록 복잡하고 까다로워질 것이라는 생각이 고개를 들었다.

다른 방법을 찾아보려 했지만 도무지 떠오르지 않았다.

'햐~~~, 생각 외로 쉽지 않네.'

수학 참고서를 펼쳐서 관련 내용이나 비슷한 문제가 있나 들여다보았지만 참고할 만한 것이 눈에 띄지 않았다. 사실 어떤 내용이 이 문제에 적용될지 도무지 감을 잡기가 어려웠다. 다행히 직접적인 도움이 될지 아직은 알 수 없지만 혹시 모를 나중을 위해서 중복순열에 대해 확인해두었다.

중복순열

p개가 같은 종류, q개가 같은 종류, r개가 같은 종류로 이루어진 모두 n개의 물건을 일렬로 나열하는 경우의 수는 다음과 같다. (단, $n = p + q + r$)

$$\frac{n!}{p!q!r!} \tag{2.2.1}$$

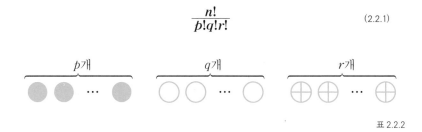

표 2.2.2

내용을 보고 습관적으로 스마트폰으로 손이 가려던 찰나, 낮의 일이 스쳐 지나갔다.

'음, 〈식 2.2.1〉이 왜 저렇게 나올까? 분명 종관에게 저 식을 이야기하면 물어볼 게 뻔한데…….' 지민은 자기 힘으로 이유를 밝혀내고 싶었다.

'〈식 2.2.1〉은 서로 다른 세 가지의 종류를 나열하는 경우의 수를 구하는 공식이야. 그러면 두 가지 혹은 네 가지 종류를 나열하는 경우도 있을 텐데?' 지민이 다시 생각에 잠겼다. '두 가지를 나열하는 경우의 수를 나타내는 식은 어떻게 될까?'

자연스레 〈식 2.2.1〉에서 $p=0$으로 놓으면 그것이 곧 두 가지 종류에 대한 식이 될 것임을 직감적으로 알 수 있었다. 같은 종류의 q개와 또 다른 같은 종류의 r개를 나열하는 것이 되는 것이기 때문이다. 재빨리 $p=0$을 대입해봤다.

$$\frac{n!}{0!q!r!} \ (n=q+r)$$

(2.2.3)

$0!$이 애매하다. 이게 뭐지? 어떤 수인가? 그렇다고 $0!=0$이라고는 생각할 수 없었다. 분모가 0이 되어 계산이 불가능해지기 때문이다.

'가만, 이 경우는 서로 다른 두 종류의 물건 r개와 $(n-r)$개를 일렬로 나열하는 경우의 수와 같잖아? 그때의 경우의 수가 $_nC_r$이었어.'

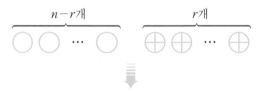

일렬로 나열하는 경우의 수 $_nC_r$

그림 2.2.4

불현듯 학원에서 배웠던 내용이 떠오른 지민은 〈식 2.2.3〉과 $_n\mathrm{C}_r$을 비교해보았다.

$$_n\mathrm{C}_r = \frac{n!}{r!(n-r)!} \quad \longleftrightarrow \quad \frac{n!}{0!q!r!} = \frac{n!}{0!(n-r)!r!} \ (\because n = q+r) \text{ (2.2.5)}$$

그렇다. $0! = 1$이 되어야 했다. 지민은 자신이 방금 얻어낸 사실을 곱씹었다. 만약 처음부터 $0! = 1$을 증명하는 문제를 접했더라면 과연 풀 수 있었을까? 그렇지 않을 것이다. 무엇보다 '$0!$'이 어떤 수일지 의구심이나 가졌을까? 분명 '!'의 정의를 배울 당시 '$0!$'의 값에 대해 궁금해하지 않았다.

'그래, 낮에 종관의 말이 상처가 되긴 했지만 그게 오히려 생각을 깨우는 자극이 된 걸까? 어쩌면 행운의 카드 문제를 둘이 협심해서 풀다 보면 많은 것을 배울 수 있을지 몰라.'

누군가에게 받기만 하다 배우지 않은 사실을 스스로 깨치자 지민은 자신이 경험하지 못한 수학의 또 다른 이면이 존재함을 깨닫기 시작한 것이다.

지민은 이 과정에서 새로운 사실도 깨달았다. 두 종류의 물건이 각각 p개, q개가 있을 때 이들 $n(=p+q)$개의 물건을 일렬로 나열하는 경우의 수는 서로 다른 n개의 물건에서 p개 혹은 q개를 고르는 경우와 같은 경우가 아닌가?

서로 다른 n개에서 r개를 선택하는 가지 수

$$\updownarrow \ {}_n\mathrm{C}_r$$

서로 다른 두 종류의 물건 r개와 $(n-r)$개를 나열하는 경우의 수

표 2.2.6

본문에서 다루었듯이 다음 두 사례는 동치이다.

서로 다른 n개에서 r개를 고르는 경우의 수 (아래 그림의 왼쪽)

$$\updownarrow \quad {}_nC_r = {}_nC_{n-r}$$

r개의 검은 바둑돌과 $(n-r)$개의 흰 바둑돌을 일렬로 나열하는 경우의 수 (아래 그림의 오른쪽)

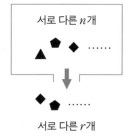

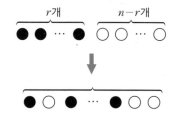

그림 2.2.7

03
전단사 의미의 활용

다음 날 방과 후 지민과 종관은 학생 휴게실 탁자에 마주 앉았다. 그리고 각자 행운의 카드 문제에 대해 생각해왔던 내용을 주고받았다.

지민은 종관의 이야기를 듣고, 세 수의 합이 0이 되는 경우와 27이 되는 경우의 수, 그리고 1이 되는 경우와 26이 되는 경우의 수가 같다는 너무도 평이한 사실을 찾아내지 못한 게 못내 아쉬웠다.

"에이, 난 그것도 모르고 세 수의 합이 27일 때까지 다 구하려고 했네. 헛짓할 뻔했어, 하하하."

그리고 지민은 종관에게 자신이 어젯밤에 알아낸 '0!＝1'이라는 사실을 설명했다. 가만히 지민의 이야기를 경청하던 종관이 말했다.

"'0!＝1'이라니 놀랍다. 이걸 설명한 너의 논리도 명료하고." 종관이 잠시 생각에 잠기더니 말했다. "그러면 '(－1)!'의 값도 있지 않을까? '(1/2)!'이란 값도 존재할까?"

종관의 뚱딴지같은 성격이 또 발동을 건 것이다. (－1)!, (1/2)!이라니?

계승의 정의로 보면 지금 제시한 두 값의 계산은 불가능할 것 같다. 지민은 설혹 계산이 가능하더라도 그들의 능력으로는 엄두도 낼 수 없는 다른 차원의 문제이겠거니 싶었다.

"야, 그냥 넘어가자. 내가 보기엔 계승은 0 이상의 정수에 대해서만 정의되어 있지, 그 외의 수에 대해서는 계산이 불가능할 거야."

생각을 거듭하던 종관이 마침내 입을 열었다.

"그래, 맞아. 그런데 이왕이면 모든 실수 값에 대해서도 계산이 가능하면 좋을 텐데."

"그러면 내용이 더 어려워지고 배울 내용이 많아지겠지. 다행이잖아. 어쨌든 가끔 예상 밖의 의문을 던지는 걸 보면 너도 참 특이하긴 해."

"응? 그런가?" 씩 웃으며 종관이 말했다. "사실 이상하긴 하잖아. 3!은 $3 \times 2 \times 1 = 6$으로 쉽게 계산되는데 $(-1)!$만 하더라도 대체 어떻게 계산해야 할지 막막하지 않냐?"■

잠시 머리를 식히기 위해 두 사람은 밖으로 나왔다. 차가운 공기가 그들의 뇌를 깨우는 것 같았다. 기말고사도 끝났고 방학도 코앞이어서 운동장에는 축구와 농구를 하는 학생들이 보였다.

"그래, 가끔 운동도 해야 뇌가 맑아져서 공부에 능률이 생긴다고. 그나저나 아까 그 의문점은 기회 될 때 생각하기로 하자. 그런데 나 또 한 가지 궁금한 게 있었어. 그러니까 〈그림 2.2.7〉에서 분명 서로 다른 사례를 말함에도 불구하고 경우의 수는 같잖아. 그건 왜 그럴까?"

■　　종관의 의문점은 감마함수로 해결 가능하지만 이것은 이 책의 주제를 벗어나는 내용이다. 여기서는 이처럼 하나의 사실에서 다른 의문점을 도출, 해결해가는 과정에서 수학이 진화해간다는 점만 알고 넘어가도 충분하겠다.

"나도 좀 이상하긴 해. 학원에서 배울 때, 서로 다른 n개에서 r개를 선택하는 경우의 수를 $_nC_r$이라고 했어. 그리고 서로 다른 두 종류, 예를 들어 A라는 문자가 r개, B라는 문자가 $(n-r)$개 있을 때 이들 총 n개의 문자를 일렬로 나열하는 경우의 수 역시 $_nC_r$이거든. 이 두 경우를 배웠고 그 값도 같았는데 나는 이제껏 두 사례가 동치라는 걸 전혀 생각해본 적이 없었네. 내가 진짜 생각 없이 수학 공부를 하고 있었나봐. 이유도 생각하지 않고 그저 암기만 한 거지."

기어들어가는 목소리로 자신을 자책하는 지민이다.

"야, 뭐 그렇다고 풀이 죽니? 지금부터라도 제대로 공부하면 되잖아. 나는 요즘 공부해야겠다는 생각이 마구 샘솟아. 너는 그래도 나보다 아는 게 많아서 훨씬 낫잖아."

다시 휴게실로 돌아온 두 사람은 방금 종관이 제시한 의문점에 대해 본격적으로 탐구하기 시작했다.

"집합에서 **두 개의 집합 A와 B의 원소의 개수가 같다면 서로 남는 원소 없이 일대일 대응**이 가능하다고 배운 적이 있어. 이 점에 착안해서 지금 이 두 사례에서도 각각의 경우를 모두 일대일 대응시킬 수 있는 규칙만 찾아낸다면 동치가 되는 이유를 알 수 있지 않을까?"

지민이 듣기에도 상당히 그럴싸했다. 두 사례가 〈그림 2.3.1〉에서와 같이 어떤 주어진 규칙(f) 하에 각각의 사례별로 완벽하게 일대일 대응이 된다면 일치한다고 말할 수 있는 것이 아닌가! 그렇다. 그 규칙만 논리적

■   두 집합 A, B에서 A의 한 원소에 B의 하나의 원소가 대응하고, B의 한 원소에 A의 원소가 단 하나 대응되는 관계

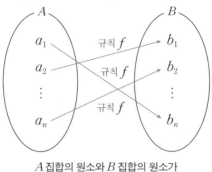

A 집합의 원소와 B 집합의 원소가
서로 빠짐 없이 하나씩 대응 f

그림 2.3.1

으로 오류가 없으면 정확한 진단인 것이다.

"야, 너 어떻게 그런 걸 생각해냈냐?"

"나도 가끔은 배웠던 지식을 활용할 줄 알아야 하지 않겠어? 하하."

종관은 거침없이 종이에 선을 긋기 시작했다. 어렸을 때부터 퍼즐이나 그림 그리기를 좋아해서 시각화하는 능력이 남달랐다. 그런 예술적 감각은 다른 공부를 할 때 사례별로 분류하여 이들을 도표로 표현하는 능력으로 이어졌다. 종관은 한참 고심하더니 마침내 〈표 2.3.2〉를 만들어냈다.

"이렇게 생각해보는 게 좋겠어. 서로 다른 문자 5개에서 2개를 골라내는 것은 $_5C_2 = 10$으로 총 10가지가 나와. 이건 쉽게 알 수 있어.(표 2.3.2의 ①) 그리고 이번에는 ①에서 선택한 문자를 ②처럼 문자별로 위치를 지정해놓고 다시 표시했어. 지금까지 내가 말한 내용은 알겠지?"

지민은 말 대신 계속 이야기하라며 손짓으로 재촉했다.

"이번에는 검은색 바둑돌 2개와 흰색 바둑돌 3개를 일렬로 나열하는 경우를 고려해보자고. 이 사례 모두를 일일이 나열하는데 표의 ②에서 문자가 적힌 위치에 검은색의 바둑돌을, 그리고 비어 있는 지점에 흰색의 바

① A~E까지의 문자에서 2개를 선택하는 경우		② 선택된 문자를 위치별로 재배열					③ 검은 돌 2개, 흰 돌 3개를 나열하는 방법				
		A	B	C	D	E	A	B	C	D	E
A	B	A	B				●	●	○	○	○
A	C	A		C			●	○	●	○	○
A	D	A			D		●	○	○	●	○
A	E	A				E	●	○	○	○	●
B	C		B	C			○	●	●	○	○
B	D		B		D		○	●	○	●	○
B	E		B			E	○	●	○	○	●
C	D			C	D		○	○	●	●	○
C	E			C		E	○	○	●	○	●
D	E				D	E	○	○	○	●	●

표 2.3.2

둑돌을 그려놓아 보았어.(표 2.3.2의 ③) 어때? **서로 다른 5개의 문자에서 2개를 선택하는 것과 검은 돌 2개와 흰 돌 3개를 나열하는 방법이 완벽하게 서로 일대일 대응이 되지 않냐?**"

지민이 놀라워했다. 종관의 설명이 너무도 우아하게 보였다. 일목요연하게 정리된 도표는 초등학생도 쉽게 이해할 수 있을 것 같았다.

"이야, 너 대단하다. 이렇게 도표로 깔끔하게 정리해버리다니!"

n명의 학생이 100개의 좌석이 있는 강의실에 들어가서 자리에 앉았을 때, 모든 학생이 의자에 앉아 있다면 $n \leqq 100$임을 알 수 있다. 또한 빈 좌석이 없다면 학생 수는 세지 않아도 $n = 100$임을 확신할 수 있으며, 서 있는 학생이 있을 때에는 $n \geqq 100$이라는 사실 역시 쉽게 알 수 있다.

이와 같은 일대일 대응 원리는 유한한 두 개의 집합 A와 B에 대해 A로부터 B로의 대응(기호로 「$f:A{\rightarrow}B$」로 나타낸다)에서, 만약 $a_1 \neq a_2$인 임의의 A의 원소에 대해 B에서 $f(a_1) \neq f(a_2)$일 때 f를 **단사**라 한다. 또 만약 임의의 $b \in B$에 대해 $f(a) = b$를 만족하는 $a \in A$가 존재한다면 f를 **전사**라 한다. 그리고 f가 단사인 동시에 전사이면 f를 **전단사**라 한다.

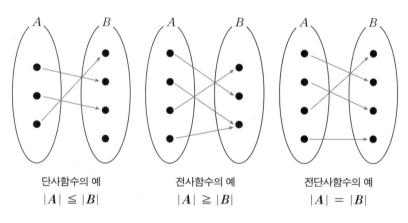

단사함수의 예
$|A| \leqq |B|$

전사함수의 예
$|A| \geqq |B|$

전단사함수의 예
$|A| = |B|$

(단, $|A|$의 기호는 집합 A의 원소의 개수를 뜻한다.)

문제의 단순화

종관은 지민에게 제안을 하나 했다. 행운의 카드 문제를 6자리가 아닌 더 간단한 2자리나 4자리에 대해 먼저 구하자고. 거기서 나온 해법과정을 6자리 행운의 카드로 확장해 풀자는 것이었다. 이런 접근방식은 유추의 대표적인 방법이며 유추는 수학의 지혜로 꼽힌다.

　"지민아, 두 자릿수를 □◇이라고 하면

$$(\square\diamondsuit) \ \rightarrow \ \square = \diamondsuit$$

일 때 행운의 카드가 돼. □로 표시된 곳에는 한 자릿수만 들어갈 수 있으므로 0에서 9까지 10가지가 가능해. 또한 뒷자리의 ◇ 역시 한 자릿수이고 앞의 수와 같아야 하므로, 두 자릿수로 된 행운의 카드 수는 아래와 같이 총 10장일 수밖에 없어."

$$\underbrace{00, 11, 22, 33, 44, 55, 66, 77, 88, 99}_{10개}$$

너무 쉽게 풀려서 어떤 실마리도 떠오르지 않았다. 조금 더 복잡한 네 자릿수를 고찰해볼 필요가 있었다.

"네 자릿수는 다음과 같겠지."

$$(\square \diamondsuit \bigcirc \triangleleft) \rightarrow \square + \diamondsuit = \bigcirc + \triangleleft \qquad (2.4.1)$$

"잠깐만, 종관아. 야, 네모, 세모 같은 도형으로 표시하니까 뭔가 촌티 나는 것 같지 않냐? 2자리를 도형으로 한 것까지는 별 상관없었는데 4자리도 이렇게 나타내니까 어째 유치하게 보여. 수학 문제 풀이를 보면 문자를 많이 쓰잖아. 우리 도형으로 하지 말고 문자로 바꿔보자, 이렇게."

$$(a_1 a_2 b_1 b_2)$$

"음? 잘 이해가 안 가는데."

"그러니까 〈식 2.4.1〉에서 $\square \rightarrow a_1$, $\diamondsuit \rightarrow a_2$, $\bigcirc \rightarrow b_1$, $\triangleleft \rightarrow b_2$로 바꾼 것뿐이야. 전혀 복잡하지 않아. 앞의 두 자릿수와 뒤의 두 자릿수의 합이 같은 경우가 행운의 카드이므로 앞의 수와 뒤의 수를 구분하기 위해 a와 b로 표현한 것뿐이야."

문자에 친숙하지 않은 종관이 보기엔 어색했지만 확실히 고급스러운 표현인 것 같았다.

"이제 이 네 자릿수의 카드가 행운의 카드가 되기 위해서는

$$a_1 + a_2 = b_1 + b_2$$

의 조건을 충족시키면 돼. 예를 하나 들어보자.

$$(1322) \Rightarrow a_1 = 1, a_2 = 3, b_1 = 2, b_2 = 2, \therefore a_1 + a_2 = b_1 + b_2$$

"아……."

"이것 봐라, 깔끔하고 세련미도 있지 않냐? 이렇게 쓰면 분명 문제 풀이 할 때도 더 효율적일 거야." 지민이 계속 생각을 풀어놓았다.

"앞의 두 자릿수에 대한 경우의 수만 생각해도 되니까…… 가능한 수가 00에서 99까지일 것 아니야? 이들 수에서 나올 수 있는 가장 작은 자릿수 의 합은 당연히 0이고 가장 큰 값은 99이므로 두 자릿수의 합인 $a_1 + a_2$가 취할 수 있는 값은

$$a_1 + a_2 = 0, 1, 2, \cdots, 17, 18$$

로 총 19가지가 가능할 거야."

종관이 질세라 화답했다.

"그러면 세 자릿수 합의 경우를 상기하면 두 자릿수의 합이 0이 되는 경 우와 18이 되는 경우의 수는 같을 거야. 그리고 두 수의 합이 1과 17, 2와 16의 경우의 수도 같아지게 될 것이고."

$$(a_1 + a_2, b_1 + b_2) \longleftrightarrow a_1 + a_2 = b_1 + b_2$$

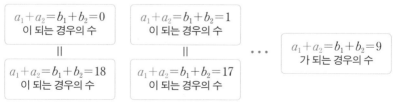

총 10가지의 경우만 구하면 된다.

그림 2.4.2

둘은 이 정도이면 두 수의 합이 되는 모든 사례를 일일이 구하는 방법도 해볼만 하다고 생각했다. 그 과정에서 어떤 규칙이나 패턴을 알아낼 수 있지 않을까 하는 기대감도 있었다. 두 사람은 각 사례에 대해 모든 경우의 수를 구한 결과를 표로 만들었다.

합 ($n=a_1+a_2$)	사례(a_1a_2)	경우의 수
0	(00)	1
1	(10), (01)	2
2	(20), (11), (02)	3
3	(30), (21), (12), (03)	4
4	(40), (31), (22), (13), (04)	5
5	(50), (41), (32), (23), (14), (05)	6
6	(60), (51), (42), (33), (24), (15), (06)	7
7	(70), (61), (52), (43), (34), (25), (16), (07)	8
8	(80), (71), (62), (53), (44), (35), (26), (17), (08)	9
9	(90), (81), (72), (63), (54), (45), (36), (27), (18), (09)	10

표 2.4.3

〈표 2.4.3〉의 결과로부터 네 자릿수로 가능한 행운의 카드 수는 다음과 같음을 알게 되었다.

$a_1+a_2=b_1+b_2=0$의 경우의 수　　$1\times1=1^2$

$a_1+a_2=b_1+b_2=1$의 경우의 수　　$2\times2=2^2$

$a_1+a_2=b_1+b_2=2$의 경우의 수　　$3\times3=3^2$

$\vdots$　　　　　　　　　　　　　$\vdots$

$a_1+a_2=b_1+b_2=8$의 경우의 수　　$9\times9=9^2$

$a_1+a_2=b_1+b_2=9$의 경우의 수　　$10\times10=10^2$

$a_1+a_2=b_1+b_2=10$의 경우의 수　　$9\times9=9^2$

$\vdots$　　　　　　　　　　　　　$\vdots$

$a_1+a_2=b_1+b_2=17$의 경우의 수　　$2\times2=2^2$

$a_1+a_2=b_1+b_2=18$의 경우의 수　　$1\times1=1^2$

표 2.4.4

따라서 행운의 카드의 수는 다음과 같았다.

$$1^2+2^2+\cdots+9^2+10^2+9^2+\cdots+2^2+1^2$$

Σ 기호를 접하기 전에는 위의 계산을 일일이 해야 되었겠지만, 지민을 통해 알게 된 〈식 1.5.3〉을 사용해서 대번에 이 합을 구할 수 있음을 알았다.

$$2\times(1^2+2^2+\cdots+8^2+9^2)+10^2$$
$$=2\times\sum_{k=1}^{9}k^2+100=2\times\frac{9(9+1)(2\times9+1)}{6}+100$$
$$=670$$

과연 아는 것이 힘이었다. 합이 쉽게 구해졌다. 그런데 4자리에 대한 행운의 카드 수를 구하고 나자 둘 다 말이 없어졌다. 같은 고민에 빠진 것이다. 방금과 같이 일일이 모든 경우를 구해서 푸는 방법을 6자리 행운의 카드 문제에 적용하기란 좋지 않았다. 이미 경험한 바였다.

"지민아, 너 네 자릿수 풀면서 여섯 자리는 어떻게 접근하면 좋을지 혹시 떠오른 생각 있어?"

"그게, 잘…… 여섯 자리도 일일이 구해야 하지 않을까?"

말은 그렇게 했지만 아니라는 것은 알고 있었다. 종관은 4자리 행운의 카드 수를 구한 과정을 다시 검토하다가 수의 흐름에 초점을 맞추어야겠다는 생각에 이르렀다.

"한 가지 짚어야 될 것이 보여. 〈표 2.4.3〉에서 보면 두 수의 합의 수가 증가할 때 경우의 수는 1씩 증가하고 있잖아. 그러면 세 수의 합의 경우의 수도 그런 규칙을 찾아내면 구할 수 있지 않을까?"

계차수열

두 친구는 수의 추이를 파악하기로 하고 6자리 수$(a_1a_2a_3b_1b_2b_3)$에서 앞의 세 자리 수의 합$(a_1+a_2+a_3)$이 되는 경우의 수를 일일이 구했다. 모든 수를 구하는 것은 어리석은 일이었기에 일단 세 수의 합이 5일 때까지만 했다.

세 수의 합$(a_1+a_2+a_3)$	0	1	2	3	4	5
경우의 수	1	3	6	10	15	21

표 2.5.1

세 수의 합의 경우의 수 나열은 IQ 테스트 할 때 많이 등장하는 유형과 비슷했다. 둘은 쉽게 이들 수의 규칙을 찾아낼 수 있었다.

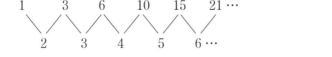

그림 2.5.2

〈그림 2.5.2〉와 같은 패턴이라면 앞의 수 21에 7을 더한 28이 될 것이었다.

"야호, 해결했어, 종관아. 나머지 경우도 이렇게 하면 되잖아."

종관도 기분이 좋았다. 자신들이 생각했던 대로 진행되면서 의외로 쉽게 해결책을 찾은 것이다. 둘은 한껏 고무되었다.

"우리 이렇게 논의하면서 푸니까 괜찮은데? 자, 마무리해보자."

마치 행운의 카드 문제를 끝냈다고 외치는 분위기였다. 종관은 결과를 표로 일목요연하게 작성했다. 세 수의 합이 0과 27이 되는 경우의 수가 같고, 1과 26이 되는 경우의 수 등이 같으므로 행운의 카드의 수는 각 경우의 수(표 2.5.3의 ②)의 제곱에 2를 곱한 후 모두 더하면 될 것이다.(표 2.5.3

① 세 수의 합($a_1+a_2+a_3$)	② 경우의 수	③ 행운의 카드 수
0, 27	1	$1^2 \times 2 = 2$
1, 26	1+2=3	$3^2 \times 2 = 18$
2, 25	3+3=6	$6^2 \times 2 = 72$
3, 24	6+4=10	$10^2 \times 2 = 200$
4, 23	10+5=15	$15^2 \times 2 = 450$
5, 22	15+6=21	$21^2 \times 2 = 882$
6, 21	21+7=28	
7, 20	28+8=36	
8, 19	36+9=45	
9, 18	45+10=55	
10, 17	55+11=66	
11, 16	66+12=78	
12, 15	78+13=91	
13, 14	91+14=105	
합		???

표 2.5.3

의 ③)

합이 5인 경우까지 신나게 하던 종관은 계산을 멈추고 지민을 빤히 쳐
다보았다.

"지민아, 방법은 맞는데…… 이렇게 하는 게 좋은지 모르겠네. 이거 원
28^2, 36^2 등을 일일이 계산하고 나서 또 더한다고 생각하니 암담해."

지민도 동의할 수밖에 없었다. 제곱과 덧셈을 반복하는 계산의 덫에 빠
져 나오지 못하고 있었다. '과연 만만치 않구나. 굉장히 쉬운 문제인 줄 알
았는데 의외로 계산이 너무 복잡해. 이 방법으로밖에 구할 수 없는 문제
라면 차라리 포기하는 게 낫겠어. 휴우…….'

그런데 지민의 눈에 〈표 2.5.3〉에서 나열된 경우의 수들이 무척 낯이 익
었다. 세 수의 합이 8이 나오는 경우의 수인 45는 1에서 9까지의 합에서
나오는 수이고, 세 수의 합이 9인 경우의 수 55는 1에서 10까지의 합이 아
닌가! 1에서 10까지의 합을 자주 해보았던 경험이 문제 해결에 도움이 될
줄이야! 지민은 자신이 알고 있던 지식들을 적재적소에 잘 활용하면 단
계, 단계를 거쳐 답을 얻어낼 수 있을 것 같았다. 지민은 동전이 맨홀에 빠
져 사라지듯 자신의 생각이 사라질까봐 마음이 급해졌다.

"종관아, 알겠다. 계산할 수 있겠어."

"어떻게?"

"그러니까 말이야, 우리가 구한 경우의
수의 배열을 보면 첫 번째 수가 1이고, 두
번째가 3, 세 번째는 6으로 진행되고 있잖
아. 이때 첫 번째 수를 초항이라 하고, 이
어지는 수를 두 번째 항, 세 번째 항이라

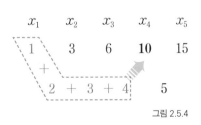

그림 2.5.4

하자고. 이걸 각각 x_1, x_2, x_3이라 해서 일반항을 x_n이라 두고."

"……."

"수열에서의 합은 일반항을 이용하면 쉽게 구할 수 있거든. 왜냐하면 $\sum$ 에 대한 식들이 있기 때문이야." 학원에서 무심코 배워 따로 놀던 지식들이 지민의 머릿속에서 서로 연결되어 하나의 체계를 만들어가고 있었다.

"〈그림 2.5.4〉처럼 네 번째 항의 수는 $1+2+3+4=10$이잖아. 마찬가지로 다섯 번째 항의 수 15는 1에서부터 5까지의 합이야. 그러면 10번째 항은 1부터 10까지의 합이 될 게 아니겠어! 결국 n번째의 항 x_n은 1에서부터 n까지의 합이 될 것임이 자명해. 바로 일반항 x_n은 다음과 같아져."

$$x_n = 1 + 2 + \cdots + n = \sum_{k=1}^{n} k = \frac{n(n+1)}{2} \qquad \text{(2.5.5)}$$

그제야 종관은 지민이 하고자 하는 이야기를 정확히 이해했다. 수열에서 일반항을 구하는 일이 이런 상황에 활용된다는 점을 알게 된 것이다.

예상 외로 종착역에 빨리 도달한 느낌이었다. 행운의 카드 수를 구하기 위해 남은 것은 x_1에서 x_{28}까지 각각의 값을 제곱한 값을 더하는 것이다. 지민은 빠르게 계산을 이어나갔다.

$$
\begin{aligned}
&x_1^2 + x_2^2 + \cdots + x_{28}^2 \\
&= 2 \times (x_1^2 + x_2^2 + \cdots + x_{14}^2) \quad (\because x_1 = x_{28}, \ x_2 = x_{27}, \cdots, x_{14} = x_{15}) \\
&= 2 \times \sum_{k=1}^{14} x_k^2 \\
&= 2 \times \sum_{k=1}^{14} \left\{ \frac{k(k+1)}{2} \right\}^2
\end{aligned}
$$

계산이 자꾸 복잡해지자 지민이 걱정스런 표정을 지었다. 과연 계산을 마무리나 지을 수 있을까 하는 우려가 들었다. 그래도 내친걸음이다. 지민은 앞의 식을 풀어서 남은 계산을 했다.

$$= 2 \times \sum_{k=1}^{14} \left\{ \frac{k(k+1)}{2} \right\}^2 = 2 \times \sum_{k=1}^{14} \left\{ \frac{k^2+k}{2} \right\}^2$$

$$= 2 \times \sum_{k=1}^{14} \frac{k^4 + 2k^3 + k^2}{4}$$

$$= \frac{1}{2} \left(\sum_{k=1}^{14} k^4 + 2 \times \sum_{k=1}^{14} k^3 + \sum_{k=1}^{14} k^2 \right) \qquad \text{(2.5.6)}$$

우려가 현실이 되었다. 분명 계산이 완결될 줄 알았건만 그렇지 않았다. 하나가 해결되면 또 다른 장벽이 앞을 가로막는 형국이었다.

"종관아, $\sum_{k=1}^{14} k^2$ 이나 $\sum_{k=1}^{14} k^3$ 은 우리가 알고 있어서 해결할 수 있어. 그런데 식 $\sum_{k=1}^{14} k^4$ 은 어떻게 하지? 그러고 보니 네가 지난번에 이것의 합을 물어봤던 기억이 나네. 그때 대수롭지 않게 여겼었는데……."

종관은 '고모부한테 이 식이라도 어떻게 해서든지 알아둘걸.' 하는 후회가 생겼다.

갑자기 지민의 핸드폰에서 전화벨이 요란하게 울려 퍼졌다. 지민의 어머니에게서 온 전화였다.

"너 어디서 뭐 하고 있니? 학원 안 가고? 학원에서 전화 왔었어."

그제야 시계를 보니 이미 학원에 도착해야 할 시간이 지나 있었다. 지민은 급히 짐을 싸고 학원으로 출발했다.

"종관아, 내일 다시 해보자."

주어진 수열에서 인접한 두 항의 차이로 만들어진 수열을 **계차수열**이라 한다. 오른쪽 그림을 보면, 원래 주어진 수열은 $\{a_n\}$이지만 앞뒤 항의 차이로 새로운 수열 $\{b_n\}$을 만들어낼 수 있다. 그리고 이 수열 $\{b_n\}$을 $\{a_n\}$의 계차수열이라 한다. 이때 원래의 수열에서 a_4를 보면 그림과 같은 관계에 의해 초항 a_1에 계차수열의 b_1, b_2, b_3의 세 개의 항을 더한 것임을 알 수 있다.

$$\{a_n\} \cdots \quad a_1 \; a_2 \; a_3 \; a_4 \; a_5$$
$$\{b_n\} \cdots \quad b_1 \; b_2 \; b_3 \; b_4$$

$$b_1 = a_2 - a_1$$
$$b_2 = a_3 - a_2$$
$$b_3 = a_4 - a_3$$

$$b_1 + b_2 + b_3 = a_4 - a_1$$
$$\therefore \; a_4 = a_1 + b_1 + b_2 + b_3$$

따라서 원래의 수열 $\{a_n\}$은 초항 a_1에 계차수열 $\{b_n\}$의 $(n-1)$항까지의 합으로 나타낼 수 있다. 즉, 다음과 같은 관계식이 성립한다.

$$a_n = a_1 + \sum_{k=1}^{n-1} b_k \tag{2.5.7}$$

계차수열을 이용해서 원래 수열의 일반항을 구하는 것이 편한 경우가 있다. 수열 1, 3, 7, 13, …의 수열로 만들어진 계차수열은 공차 2인 등차

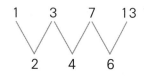

수열이 됨을 쉽게 파악할 수 있다. 따라서 원래의 수열 일반항은 다음과 같이 구해진다. 조심할 것은 계차수열의 $(n-1)$항까지의 합으로 구한다는 점이다.

$$a_n = 1 + \sum_{k=1}^{n-1} 2k = 1 + 2 \times \frac{n(n-1)}{2} = n^2 - n + 1$$

06
텔레스코핑 방법

집에서 $\sum_{k=1}^{n} k^4$의 식을 얻어내기 위해 애쓰던 종관이 지민의 전화를 받은 것은 저녁 늦은 시간이었다. $\sum_{k=1}^{n} k^4$의 식을 알아냈다는 것이다.

"사실 내가 스스로 알아내지는 못했어. 수학 서적을 살펴보았거든. 그랬더니 텔레스코핑이라는 방법이 있더라고."

"그래? 그게 뭔데?"

종관도 방법을 찾으려고 했지만 시행착오만 거듭했을 뿐 돌파구를 찾지 못하고 있었다. 그때 지민에게서 걸려온 전화가 종관은 무척 반가웠다. 얼마 전만 해도 해답을 통해 알게 되는 것을 자존심 상해하던 종관이 달라져 있었다. 이제는 자신의 지식과 지혜가 얼마나 깊이가 없는지를 알고 있어서 배울 것은 배워야겠다는 겸손한 자세로 이 문제에 임하고 있었다.

"단계적으로 접근하면 알아낼 수 있더라고. 너는 이해력이 좋으니까 방법을 알려줄 테니 $\sum_{k=1}^{n} k^4$을 구해봐." 종관은 긴장하며 지민의 말에 쫑긋 귀 기울였다.

"$\sum\limits_{k=1}^{n} k = \dfrac{n(n+1)}{2}$ 은 너도 알고 있잖아. $\sum\limits_{k=1}^{n} k^2 = \dfrac{n(n+1)(2n+1)}{6}$ 인 것도 역시 알고 있지만 모른다고 가정하고 이 식을 구한다고 하자고. 먼저 $(1+k)^3 - k^3$을 전개해서 계산하면 $3k^2 + 3k + 1$이 된다는 건 잘 알고 있을 거야."

$$(1+k)^3 - k^3 = 1 + 3k + 3k^2 \qquad \text{(2.6.1)}$$

"이 수식에다 $k = 1, 2, \cdots$ 등 순서대로 $k = n$까지 대입해서 차례대로 적어 놓아봐. 대입만 하고 계산은 하지 말고. 너라면 충분히 그다음부터는 어떻게 해야 할지 알 수 있을 거야. 그러면 내일 보자."

종관은 지민이 하는 말의 의중을 정확히 짚어내기 어려웠다.

'그 이후는 스스로 알아내라고? 나라면 충분히 할 수 있다고? 차라리 그런 말은 하지 말 것이지. 부담스럽게. 잘못하면 오늘 잠 못 이루는 밤이 되겠구나. 그러니까 지민의 말인즉슨 〈식 2.6.1〉에 $k = 1$부터 순서대로 대입해보라는 거지. 까짓것, 한번 적어나 보자고.'

$$
\begin{aligned}
k &= 1; & 2^3 - 1^3 &= 1 + 3 \cdot 1 + 3 \cdot 1^2 \\
k &= 2; & 3^3 - 2^3 &= 1 + 3 \cdot 2 + 3 \cdot 2^2 \\
k &= 3; & 4^3 - 3^3 &= 1 + 3 \cdot 3 + 3 \cdot 3^2 \\
&\;\;\vdots & & \\
k &= n; & (1+n)^3 - n^3 &= 1 + 3 \cdot n + 3 \cdot n^2
\end{aligned}
$$

표 2.6.2

'자, 이제 어떻게 한담?'

종관은 한참 앞의 수식을 응시했다. 분명 식의 변화에 어떤 규칙이 있을 것이다. 그리고 마침내 일관성 있게 변화하고 있는 패턴을 찾아낼 수 있었다. $k=1$ 행의 좌변 식에 있는 2^3은 $k=2$의 식에서 -2^3으로, 3^3도 다음의 식 $k=3$에서 -3^3과 같이 계속적으로 반복되고 있었다. 한편 우변에는 제곱항이 항상 있다는 점을 간파하면서 순간 이 수식 모두를 변변 더해주면 되지 않을까 하는 생각이 번쩍였다.

'그래, 좌변은 좌변끼리 모든 항을 더해주고, 우변은 우변끼리 더해주는 거야.'

그러자 좌변은 $(1+n)^3$과 -1^3을 제외한 모든 수가 소거되는 것이 아닌가! 또한 우변은 3으로 묶어주면 1^2에서 n^2까지 더해지는 식이 등장하는 것이었다.

$$(1+n)^3-1^3=\underbrace{(1+1+\cdots+1)}_{n}+3(1+2+\cdots+n)+3(1^2+2^2+\cdots+n^2)$$

종관은 시그마 기호를 사용해서 다음과 같이 정리하였다.

$$(n+1)^3-1^3=n+3\sum_{k=1}^{n}k+3\sum_{k=1}^{n}k^2$$

$\sum_{k=1}^{n}k=\dfrac{n(n+1)}{2}$ 을 알고 있다는 전제하에 푸는 것이므로 위의 식에 대입하여 정리하면 자연스럽게 $\sum_{k=1}^{n}k^2$의 관계식이 도출됨을 알 수 있었다.

$$\sum_{k=1}^{n}k^2=\frac{1}{6}n(n+1)(2n+1)$$

■ $\quad 3\sum_{k=1}^{n}k^2=(n+1)^3-1-3\times\dfrac{n(n+1)}{2}-n=(n^3+3n^2+3n+1)-1-\dfrac{3}{2}n^2-\dfrac{3}{2}n-n$

$\qquad =n^3+\dfrac{3}{2}n^2+\dfrac{1}{2}n=\dfrac{1}{2}n(2n^2+3n+1)=\dfrac{1}{2}n(n+1)(2n+1)$

지민의 이야기대로였다. 어느새 종관은 문제에 흠뻑 몰입해 아래의 식으로부터 $\sum_{k=1}^{n} k^3$이 $\left\{\dfrac{n(n+1)}{2}\right\}^2$이 됨을 유도할 수 있었다.

$$(1+k)^4 - k^4 = 1 + 4k + 6k^2 + 4k^3$$

$\sum_{k=1}^{n} k^4$을 구해내는 과정은 수월하지 않았다.

$$(1+k)^5 - k^5 = 1 + 5k + 10k^2 + 10k^3 + 5k^4$$

위의 식에서 시작하여 같은 절차를 수행하는 것이지만, 생각 외로 수식이 복잡해져 정리하는 데 꽤나 시간이 걸린 것이다. 몇 번이고 검토하며 확인한 결과 다음의 식이 확실하였다.

$$\sum_{k=1}^{n} k^4 = \frac{1}{30} n(n+1)(2n+1)(3n^2 + 3n - 1) \tag{2.6.3}$$

몇 개의 수를 대입함으로써 위의 계산결과가 정확하다는 확증을 얻을 수 있었다. 고모부가 가르쳐준 '수학적 귀납법'으로 정당성도 부여했다. 결과적으로 행운의 카드 문제를 풀었다는 의미가 아닌가! 하지만 개운한 맛은 아니었다. 목에 가시가 걸린 것 같은 거북함이랄까. 이 방법보다 뭔가 더 깔끔한 방법이 존재할 것 같았다.

문득 종관은 이렇게 앉아서 문제를 풀었던 기억이 있었나 하는 생각이 들었다. 머릿속으로 주로 해결하려고만 했지 이처럼 일일이 계산한 경험은 별로 없었던 것이다. 그러면서 덧셈에 불과하지만 로또 계산과정에서 해결하지 못했던 〈식 1.4.1〉(혹은 〈식 1.1.5〉)의 문제가 떠올랐다. 방금 계산하면서 얻은 경험 때문일까, 갑자기 거짓말처럼 해법이 그의 머릿속에 그림처럼 펼쳐졌다! 일반항을 구하여 ∑ 공식을 이용하면 해결할 수 있는 것이 아닌가?

망원급수(Telescoping series)란 부분 항들의 합이 소거 후에 결과적으로 고정된 값만이 남는 수열을 일컫는 것으로 하나의 예를 들면 다음과 같다.

$$\sum_{k=1}^{n}\frac{1}{k(k+1)}=\sum_{k=1}^{n}\left(\frac{1}{k}-\frac{1}{k+1}\right)$$
$$=\left(\frac{1}{1}-\frac{1}{2}\right)+\left(\frac{1}{2}-\frac{1}{3}\right)+\cdots+\left(\frac{1}{n}-\frac{1}{n+1}\right)$$
$$=1-\frac{1}{n+1}=\frac{n}{n+1}$$

망원급수는 이와 같이 항들이 차례대로 소거되는 특징이 있다. 본문에서도 이러한 상쇄시키는 특성을 이용해서 $\sum_{k=1}^{n}k^2$ 등의 합을 구한 것이다.

■   이번 장 연습문제를 참조하세요.

게임 속에 깃든 피보나치 수열

영화 〈뷰티풀 마인드〉의 실존 모델로 알려진 존 내시(John Nash)는 1994년 노벨 경제학상을 수상한 수학자로 게임이론의 토대를 닦은 사람이다. 게임이론은 경쟁을 통해서 우위를 확보하기 위한 전략을 분석하는 수학의 한 분야로 자리 잡았는데, 수학뿐만 아니라 경제학·사회과학·정치학·심리학 등 다양한 분야에서 활용되고 있다.

게임이론이라는 분야가 있듯 모든 게임에도 전략이 필요하다. 지민과 종관이 한 무더기의 바둑돌을 가지고 다음의 게임을 하고 있다.

(1) 지민부터 시작하여 두 친구가 번갈아가며 바둑돌을 1개 이상 집어온다.

(2) 자신의 차례에서 돌을 집어올 때는 반드시 상대방이 조금 전에 집어간 돌의 개수의 두 배 이하로 집어와야 한다. 예를 들어 지민이 3개를 집은 뒤였다면, 종관은 1개부터 6개까지의 범위에서 돌을 집어와야 한다.

(3) 마지막 돌을 집어간 사람이 승리한다.

(4) 맨 처음 시작하는 사람은 돌을 다 집어가면 안 된다.

보통 사람이라면 대부분 이러한 게임을 접했을 때 전략 분석을 꺼리고 감각적으로 게임을 하기 마련이다. 하지만 이런 간단한 게임에도 필승의 전략이 숨어 있다.

바둑돌 2개인 경우 (4)의 조건으로 지민은 하나의 돌만 가져올 수밖에 없으므로 무조건 종관이 이긴다. 3개일 때도 지민이 1개를 가져오든 2개를 가져오든 항상 종관이 이긴다. 4개인 경우부터 상황이 바뀐다. 지민이 처음에 1개를 집어 3개가 남아 좀 전의 상황을 종관에게 넘긴 격이 되어 지민이 이긴다.

5개일 때 지민이 2개 이상을 집으면 종관은 4개까지 집을 수 있어 바로 지민이 패하므로 무조건 1개만 집어야 한다. 하지만 이 경우는 4개의 돌을 가지고 하는 것과 같아져서 종관의 필승이다. 아직까지 지민으로서는 필승의 전략이 나오지 않았다.

6개인 경우 지민이 2개를 집게 되면 종관이 4개를 집을 수 있어 바로 패한다. 할 수 없이 1개만 집어야 하지만, 5개가 남게 되어 5개의 돌로는 이길 수 없었던 상황을 종관에게 넘겨준 꼴이 되어 지민의 승리다.

지민은 이로부터 돌의 개수에 따라 수순만 틀리지 않는다면 이미 승패가 결정이 난다는 사실을 깨달았다. 13개의 돌까지 확인하던 지민이 문득 깨달은 중요한 사실이 있었다. 아래의 표는 13개의 돌까지 지민이 먼저 돌을 집는 상황에서 승패를 요약한 것이다.

바둑돌 개수	2	3	4	5	6	7	8	9	10	11	12	13
승리자	종관	종관	지민	종관	지민	지민	종관	지민	지민	지민	지민	종관

바둑돌 개수가 2, 3, 5, 8, 13개일 때 항상 종관이 이긴다는 것을 알 수 있다. 이러한 수의 배열은 **피보나치 수열**이 아닌가! 종관에게 피보나치 수에 해당하지 않는 바둑돌을 남겨줄 수만 있다면 게임에서 이길 수 있다. 돌의 개수가 많을수록 헷갈려지기 때문에 실전에 사용하기 위해서는 몇 차례 연습이 필요하겠지만 지민이 찾아낸 전략은 매우 정확하고 이는 이론적으로 입증도 되어 있다.

피보나치 수열은 레오나르도 피보나치(Leonardo Fibonacci, 1170?~1250)가 토끼 수의 증가에 대해 언급하면서 처음 소개되었다. 그 후 이 수열은 다양한 사례에서 불쑥 등장하면서 지금까지 수많은 연구가 이뤄져왔다.

가정 1) 토끼는 죽지 않는다.

가정 2) 한 쌍의 토끼는 매달 암수 한 쌍의 새끼를 낳으며, 새로 태어난 토끼도 태어난 지 두 달 후부터 매달 한 쌍씩의 암수 새끼를 낳는다.

이 과정을 표현한 것이 아래의 그림으로서, 이를 수열로 나타내면 다음과 같다.

$$1, 1, 2, 3, 5, 8, 13, 21, 34, 55, 89, \cdots$$

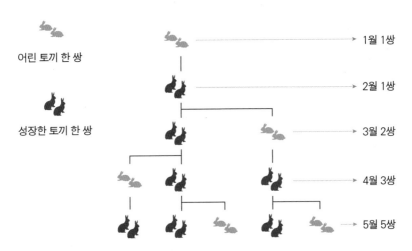

여기, 엉뚱한 성격의 종관이 계단을 올라가다가 상념에 잠겨 있다. 그는 한 번에 하나 또는 두 계단으로만 올라갈 수 있을 때, 얼마나 많은 방법으로 n번째 계

단에 도달할 수 있는지가 갑자기 궁금해졌다.

그가 원하는 답을 알아보자. 일단 n번째 계단에 올라 갈 수 있는 방법의 수를 f_n이라 하자. 첫 번째 계단은 한 가지 방법밖에 없을 것이다. 즉, $f_1=1$. 두 번째 계단은 첫 번째 계단을 밟고 가는 방법과 한 번에 두 계단을 걸 어 도착하는 두 가지 방법이 있다. $f_2=2$.

세 번째 계단은 두 번째 계단을 건너뛰어 첫 번째 계단에서 곧장 도달하는 방법 과 두 번째 계단을 통과해 가는 방법으로 그림과 같이 세 가지가 존재한다. 따라 서 $f_3=3$이다. 이쯤에서 종관은 하나의 패턴을 찾아낼 수 있다.

| $f_1=1$ | $f_2=2$ | $f_3=3$ |

"그래, 네 번째 계단에 가기 위해서는 두 번째 계단을 오른 다음 곧바로 두 계단 을 올라가든지 아니면 세 번째 계단을 거쳐서 오르는 두 가지 방법이 있어. 결론 적으로 두 번째 계단을 올라가는 방법의 수에 세 번째 계단을 올라가는 방법의 수를 더하면 될 것이 아닌가? 즉, $f_4=f_2+f_3=5$가 되겠어."

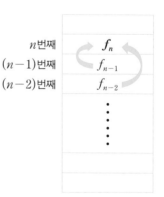

종관의 생각을 n번째 계단을 오르는 방법 의 수로 일반화하면 $(n-2)$번째 계단에서 바 로 n번째 계단으로 올라가는 방법과 $(n-1)$ 번째 계단을 거쳐서 오르는 두 가지 방법이

존재함을 뜻한다. 이는 곧 $f_n = f_{n-1} + f_{n-2}(n>2)$이라는 관계식을 의미하며, 이를 '**점화식**'이라 칭한다.

$$f_5 = f_3 + f_4 = 3 + 5 = 8,$$
$$f_6 = f_4 + f_5 = 5 + 8 = 13$$
$$\vdots$$

이쯤에서 여러분 중에 이러한 수의 흐름, 즉 수열이 어떤 수열인지 눈치 챈 분도 있을 것이다. 바로 **피보나치 수열**이다.

2.1 ☆☆

직사각형을 오른쪽 그림과 같이 6개의 삼
각형으로 나누어서 빨강, 파랑, 초록의 세
가지 색을 이용하여 칠하려고 한다. 이때
각 삼각형은 하나의 색으로만 칠하며 이웃
한 삼각형끼리는 다른 색으로 구별하여 칠

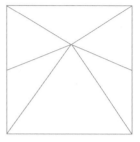

해야 한다. 또한 세 가지 색 모두 한 번 이상은 사용해야 한다. 이러한
조건을 만족하여 칠할 수 있는 방법은 최대 몇 가지인지 수형도를 이
용하여 구하라.

2.2 ☆

다음 〈식 1.4.1〉의 값을 구하라.

$$820+780+741+\cdots+2+1$$

(1) 다음의 두 식을 증명하라.

$$\sum_{k=1}^{n} k(k+1) = \frac{n(n+1)(n+2)}{3},$$
$$\sum_{k=1}^{n} k(k+1)(k+2) = \frac{n(n+1)(n+2)(n+3)}{4}$$

(2) $\sum_{k=1}^{n}\left\{\sum_{j=1}^{k}\left(\sum_{i=1}^{j} i\right)\right\}$ 를 n의 식으로 나타내어라. 단, n은 자연수이다.

(1) ⟨그림 1⟩을 이용하여 $\sum_{k=1}^{n} k = \frac{n(n+1)}{2}$ 을 보여라.

(2) ⟨그림 2⟩를 활용하여 다음 등식이 성립함을 보여라.

$$\sum_{k=1}^{n} k^3 = \left(\sum_{k=1}^{n} k\right)^2$$

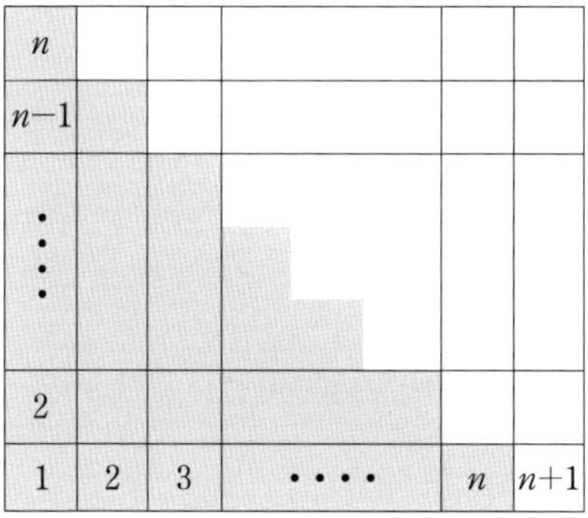

그림 1

그림 2

아인슈타인의 상대성 이론에는 특수 상대성 이론과 일반 상대성 이론이 있다. 특수 상대성 이론이 특정한 환경에서만 적용되는 이론이라면 일반 상대성 이론은 어느 경우에도 적용되는 이론이다.

수학도 마찬가지다. 연역적 사고, 유추적 사고, 귀납적 사고 등을 통해 주어진 대상 체계를 설명하는 일반화 이론을 이끌어내는 것이 가장 중요하다.

1256
3978
304

3장

놀라운
이항정리의
세계

01

이항전개

〈식 1.4.1〉의 계산을 성공하고 난 종관은 뛸 듯이 기뻤다.

'그동안 수학 기호를 어색해하던 내가 $\sum$ 기호를 이렇게 자연스럽게 사용하다니!'

종관은 스스로가 대견스러웠다. 느낀 바도 많았다. 무엇보다 자신이 큰 착각을 하고 있었다는 사실을 깨달았다. 알고 보니 **수학 기호는 수학자들의 고뇌와 사유를 잔뜩 머금은 결과물**이었다. 또한 수학은 습득된 새로운 지식을 기존의 지식들과 조합해서 또 다른 지식을 창출하며 지혜를 펼쳐 나가는 생동감 있는 학문이었다.

가끔 연구 생활을 하는 국내외 학자들이나 대학생들을 텔레비전에서 본 적이 있었지만 종관은 그때마다 아무런 감흥이 없었다. 그러나 지금 그 방송을 보면 느낌이 다를 것 같았다. 공부를 하는 진정한 맛을 조금은 알 것 같달까?

한편 텔레스코핑 방법으로 계산한 과정에서 눈길을 끄는 것이 있었다.

$(1+k)^3$, $(1+k)^4$ 등을 전개한 결과에서 뭔가 규칙적인 흐름이 있는 것처럼 보였다. 종관은 차례대로 정리를 해보았다.

여기에서 어떤 흐름만 파악하면 $(1+k)^6$을 일일이 전개할 필요 없이 구할 수 있을 것 같았다. 종관은 편의상 k를 x로 바꿔서 전개되는 양상을 살펴보았다.

$$
\begin{array}{lllllll}
(1+x)^0=1 & & & & & & \\
(1+x)^1=1+ & \boxed{x} & & & & & \\
(1+x)^2=1+ & \boxed{2x} & + & \boxed{x^2} & & & \\
(1+x)^3=1+ & \boxed{3x} & + & \boxed{3x^2} & + & \boxed{x^3} & \\
(1+x)^4=1+ & \boxed{4x} & + & \boxed{6x^2} & + & \boxed{4x^3} & +x^4 \\
(1+x)^5=1+ & \boxed{5x} & + & \boxed{10x^2} & + & \boxed{10x^3} & +5x^4+x^5 \\
 & ① & & ② & & ③ &
\end{array}
$$

그림 3.1.1

〈그림 3.1.1〉의 흐름상 $(1+x)^6$은 $1, x, x^2, x^3, x^4, x^5, x^6$의 합이 될 것임을 알 수 있었다. 이제 각 항에 붙을 계수■만 파악하면 된다.

$$(1+x)^6=a_0+a_1x+a_2x^2+a_3x^3+a_4x^4+a_5x^5+a_6x^6 \tag{3.1.2}$$

계수를 $a_0, a_1, \cdots$으로 놓는 것을 보면 어느 사이 문자를 적절하게 이용하는 능력도 생긴 모양이다. 유심히 〈그림 3.1.1〉을 살펴보던 종관은 계수가 서로 대칭적임을 알아내었다. 맨 앞과 맨 뒤의 항의 계수는 항상 1이고, 두 번째 항과 끝에서 두 번째 항의 계수가 짝을 이뤄 같은 수임을 파악한

■ 계수는 변수에 곱해진 상수이다. 예를 들어 $10x^2$에서 변수 x^2 앞의 수가 계수이다.

것이다. 또한 두 번째 항의 수가 1, 2, 3, …으로 증가하는 추세(그림의 ①에 해당)로 미루어 a_1과 a_5의 계수가 6이 될 것이라는 점도 충분히 예측이 가능하였다. 뭔가 하나씩 밝혀질 때마다 종관은 카타르시스를 느끼면서 누구의 발자취도 없는 미지의 세계를 탐험하는 듯한 기분에 푹 빠졌다.

$$a_0 = a_6 = 1, \quad a_1 = a_5 = 6$$

〈그림 3.1.1〉의 ②는 1, 3, 6, 10, …으로 전개되어 가고 있는데 이 수의 배열은 낯이 익지 않은가! 바로 낮에 지민과 함께 했던 〈표 2.5.1〉의 수의 배열이었다. 이 수열의 일반항은 $\sum_{k=1}^{n} k = \dfrac{n(n+1)}{2}$ 이었다. 그렇다면 세 번째 항의 계수 $a_2 (=a_4)$는 15가 될 것이었다.

$$a_2 = a_4 = 15$$
$$\therefore \ (1+x)^6 = 1 + 6x + 15x^2 + a_3 x^3 + 15x^4 + 6x^5 + x^6 \tag{3.1.3}$$

이제 x^3의 계수만 알아내면 되었다. 이미 종관은 흐름을 타고 있었다. 하지만 〈그림 3.1.1〉의 ③에서 x^3의 계수는 1, 4, 10의 세 수뿐이어서 정보가 부족해 추론해내기가 어려웠다. 일단은 지금까지 자신이 추론해낸 것이라도 정확한지 확인해볼 필요가 있었다. 확인 방법은 어려울 것이 없다. 직접 $(1+x)^6$을 전개하여 계수를 알아내면 되기 때문이었다.

$$(1+x)^6 = 1 + 6x + 15x^2 + 20x^3 + 15x^4 + 6x^5 + x^6 \tag{3.1.4}$$

종관은 위의 〈식 3.1.4〉와 자신이 추론해서 얻어낸 〈식 3.1.3〉이 정확히 맞아떨어지는 것을 보고 잠시 우쭐해지는 기분이 들었다. 이제 아직 밝히지 못한 x^3의 계수가 어떻게 20이 나왔을까를 알아내야 했다. x^3의 계수

변화만 살피면 '1, 4, 10, 20'이다.(그림 3.1.1의 ③) 이 정도이면 수의 흐름을 알 수 있을 것 같았다. 주어진 수열에 대한 계차수열은 3, 6, 10, …으로 앞서 다뤘던 수열이다.(그림 3.1.5) 이미 앞에서 구했던 경험이 있는 수열이다.

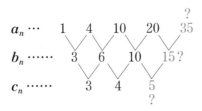

그림 3.1.5

종관은 계차수열의 〈식 2.5.7〉만을 이용해서 어렵지 않게 a_n의 일반항을 구할 수 있었다.

$$a_n = \frac{n(n+1)(n+2)}{6} \quad{}^{\blacksquare}$$

(3.1.6)

물론 가정은 있다. 〈그림 3.1.5〉의 '?'로 표시된 수로 각각의 수열이 예상하는 대로 진행한다는 보장은 없다. 충분히 그러할 것이라고 판단하고 구한 것이다. 그것에 대한 확증은 반드시 필요할 것이다.

어쨌든 그 가정이 옳다고 하면 지금까지 얻은 정보로 $(1+x)^7$도 전개할 수 있을 것이었다. 그리 어렵지 않게 종관은 $(1+x)^7$의 전개를 완성할 수 있었고 직접 전개한 것과 비교한 결과 일치함을 확인할 수 있었다.(그림 3.1.7) 그런데 뿌듯함과 함께 우려의 마음이 스멀스멀 종관에게 일기 시작했다. 무엇이 종관의 마음을 불편하게 한 것일까?

■   이 식의 증명은 독자 분들에게 넘긴다.

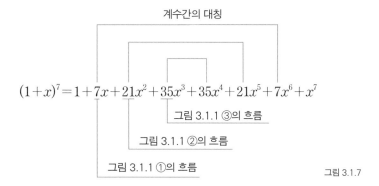

계수간의 대칭

$$(1+x)^7 = 1 + 7x + 21x^2 + 35x^3 + 35x^4 + 21x^5 + 7x^6 + x^7$$

그림 3.1.1 ③의 흐름

그림 3.1.1 ②의 흐름

그림 3.1.1 ①의 흐름

그림 3.1.7

전개의 차수가 커질수록 항의 수가 증가하므로 매번 계수의 변화를 쫓아가는 것은 상당히 무의미하게 보였다. 분명 $(1+x)^8$, $(1+x)^9$, …을 전개하다 보면 차수가 커질수록 항의 수가 증가할 것이므로 알아야 할 계수의 변화도 증가할 것이다. 그렇다고 매번 계수의 변화에 대해 파악해야 하나?

다시 생각에 잠긴 종관은 어차피 계수의 변화가 주 관심사이므로 표로 깔끔하게 정리하기로 했다.(표 3.1.8) 확실히 도표로 정리하니 전체를 한눈에 파악하기가 매우 쉬웠다.

	상수	x	x^2	x^3	x^4	x^5
$(1+x)^0$	1					
$(1+x)^1$	1	1				
$(1+x)^2$	1	2	1			
$(1+x)^3$	1	3	3	1		
$(1+x)^4$	1	4	**6**	4	1	
$(1+x)^5$	1	5	10	10	5	1

표 3.1.8

그리고 정리된 표에서 종관은 뚜렷하게 드러나는 수의 규칙 하나를 바로 찾아낼 수 있었다. 놀랍게도 연속된 두 항의 계수의 합이 바로 밑의 항의 계수였다!

〈표 3.1.8〉의 진하게 칠해진 영역에서 위에 놓여 있는 두 개의 3을 더하면 밑의 6이다. 이런 식의 패턴은 최소한 표에 표시된 수들을 보면 항상 성립한다. 그러면 이 논리, 즉 「ㄱ」으로 $(1+x)^6$의 전개한 계수들을 바로 구할 수 있는 것이었다. 굳이 수열의 일반항을 구할 필요 없이 간단한 덧셈만으로 파악할 수 있으니 얼마나 간편한가!(표 3.1.9)

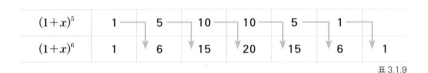

표 3.1.9

〈표 3.1.9〉에서 구한 $(1+x)^6$의 결과는 과연 〈식 3.1.4〉와 정확히 일치하였다. 이 추론이 정당하다면 그 이상에 대해서도 매우 쉽게 구할 수 있을 것이었다.

'그런데 내가 지금 뭐하고 있는 거지?'

종관은 행운의 카드 문제를 풀다가 엉뚱하게 '1+x'의 제곱 전개에 몰입하고 있었다. 쓸데없는 짓을 하고 있는 느낌도 들었다. 하지만 이상하게도 문제를 푸는 과정에서 튀어나온 의문점을 해결하는 재미에 흠뻑 취해 자꾸 손이 가고 있었다.

잠시 숨을 고른 종관은 왜 이런 관계가 성립하는 것일까 의문스러웠다. 또한 이 법칙이 무한정 성립할 것인지도 궁금해졌다. 시계를 보니 새벽 2시가 가까워지고 있었다. 문제에 빠져 있다 보니 시간 가는 줄 몰랐던 것이다. 그만두려니 아쉬움도 있었지만 다음 날을 위해 잠자리에 들어야 했다. 마치 수학에 중독된 느낌이었다.

파스칼의 삼각형

이항정리(二項定理)는 항이 두 개인 다항식 $x+y$의 거듭제곱 $(x+y)^n$에 대해서, 전개한 각 항의 계수 값을 구하는 정리이다. 자세한 내용은 본문에서 계속 다룬다. 일단 종관이 얻어낸 규칙에 의해 계수들을 나열한 아래의 그림은 파스칼의 삼각형으로 널리 알려져 있다. **파스칼의 삼각형**은 이항계수를 삼각형 모양의 기하학적 형태로 배열한 것이다. 이 이론을 체계적으로 정리한 블레즈 파스칼의 이름이 붙어 있다.

02

수학에서 일반화란?

종관과 지민, 둘 다 시험이 끝나고 이렇게 공부해보기는 처음인 것 같다. 특히 요즘 지민은 자신이 지금껏 공부한 수학이 잘못된 방식은 아니었을까 스스로 되짚어보고 있다. 그동안 단순무식하게 수학 공식을 외우기만 했는데 수많은 수식이 생긴 데는 다 그만한 이유가 있었다는 것을 알고 수학이 새롭게 보이기 시작했다. 또 자신이 알고 있던 지식을 스스로의 힘으로 활용하는 방법도 조금씩 터득하고 있었다.

방과 후 두 사람은 기분 좋게 학생 휴게실에 다시 자리 잡았다. 무엇이든 받아들이고 흡수하는 스펀지라도 된 느낌이었다. 밖에는 그들의 마음을 반영한 듯 하얀색 눈이 펑펑 내리고 있었다. 지민은 행운의 카드 계산 결과를 자신 있게 종관에게 내밀었다.

"행운의 카드 수는 〈식 2.5.6〉을 계산하면 나온다고 했어. 우리가 전에는 $\sum_{k=1}^{14} k^4$을 몰랐지만 어제 알아냈잖아. 너도 계산했지?"

"응."

"해낼 줄 알았어. 우리가 계산한 결과가 맞는지 $\sum\limits_{k=1}^{n}k^4$ 을 비교해보자."

둘이 보여준 결과는 서로 같았다. 만족한 눈빛을 교환하며 두 사람은 나머지 계산을 해나갔다. 이미 구한 결과, 〈식 2.5.6〉에 $n=14$만 대입하면 되는 것이므로 이후의 계산은 매우 단순한 계산만 남은 셈이었다.

$$2 \times \sum_{k=1}^{14}\left\{\frac{k(k+1)}{2}\right\}^2 = \frac{1}{2}\left(\sum_{k=1}^{14}k^4 + 2 \times \sum_{k=1}^{14}k^3 + \sum_{k=1}^{14}k^2\right)$$
$$= \frac{1}{2}(127687 + 2 \times 11025 + 1015)$$
$$= 75376$$

(3.2.1)

"내가 한 문제 가지고 이렇게 오래 생각해보긴 처음이야. 물론 네 도움이 컸지만 나로서는 엄청 고무적인 일이야. 수학이 이런 것이구나, 새롭게 깨달은 점도 많아."

한껏 들떠 신나게 얘기하는 지민에 비해 종관은 께름칙한 표정이었다. 지민은 의아해하면서 왜 그러냐고 이유를 물었다.

"그게 말로 표현하기는 뭐한데……. 그래, 아름답지 않은 방법이라고나 할까?"

"야, 웬 뚱딴지같은 소리냐? 이 정도면 매우 훌륭하게 해결한 건데 뭘 더 바라냐?"

"응, 분명 답은 구했어. 그런데 더 간단하고 산뜻하게 답을 구하는 방법

$\sum\limits_{k=1}^{14}k^2 = \dfrac{14(14+1)(2 \times 14+1)}{6} = 1015$ (〈식 1.5.3〉으로부터)

$\sum\limits_{k=1}^{14}k^3 = \left\{\dfrac{14(14+1)}{6}\right\}^2 = 11025$ (〈식 1.5.4〉로부터)

$\sum\limits_{k=1}^{14}k^4 = \dfrac{14(14+1)(2 \times 14+1)(3 \times 14^2+3 \times 14-1)}{30} = 127687$ (〈식 2.6.3〉으로부터)

이 있을 것 같단 말이지. 수학 문제의 해법이 꼭 한 가지만 있으라는 법은 없잖아."

지민은 힘들게 답을 구한 마당에 또 다른 해법을 찾는다는 얘기에 말문이 막혔다.

"만약 8자리나 10자리 수에 대해 행운의 카드 수를 구하라 하면?" 종관의 황당한 말에 지민은 얼이 빠졌다. 종관의 푸념은 계속되었다.

"아마도 우리가 했던 방법으로 구할 수 있긴 하겠지만 매번 너무 복잡한 과정을 거쳐야 답이 나와. 훨씬 간단하게 해결하는 다른 방법은 없을까? 이와 같은 상황을 일거에 해결하는 방법. 어쩌면 고모부도 이 방법으로 푸는 것을 원치 않을지도 몰라."

지민은 한숨이 절로 나왔다. 종관의 말은, 애써 해결했더니 이게 답이 아니라고 하는 것과 다름없었다. 그렇다고 반박할 수도 없는 노릇! 사실 지민 역시 찝찝한 느낌이 마음 한구석에 자리 잡고 있었다. 그게 무엇인지 꼭 집어 말할 수는 없어도 확실한 것은 방법상에 분명 불만이 있었다. 얼마 전만 했어도 그냥 넘어갔을 법한데 왜 이리 개운치 않은 것인지…….

"그래도 일단 구했으니까 네 고모부에게 얘기해보고, 고모부도 이게 아니라고 하면 그때 다시 생각해보는 건 어떨까?"

잠시 고민하던 종관이 말했다. "그래야겠지? 쓸데없는 걱정을 하고 있는 거겠지?"

그러고서 종관은 어제 $(1+x)^n$의 전개에서 자신이 찾아낸 내용에 대해 이야기를 풀어 나갔다.

페르마의 마지막 정리는 $x^n + y^n = z^n$을 만족하는 정수의 해가 존재하는지를 증명하는 것이다. $n=1$이나 $n=2$에 대해서는 정수의 해가 있다. 특히 $n=2$일 때에는

$$x^2 + y^2 = z^2$$

으로 피타고라스의 정리에 해당하여 $x=3, y=4, z=5$ 등 여러 정수의 쌍에 대해 성립한다. 그런데 $n=3$과 $n=4$에 대해서 만족하는 정수의 해가 존재하지 않는다는 것이 증명되면서 n이 3 이상의 수에 대해 $x^n + y^n = z^n$을 만족하는 정수의 해가 존재하지 않을 것임을 추론하였다.

수십만 제곱까지 정수의 해가 없음이 밝혀졌지만 3 이상의 정수에 대해 모두 그러하다고 결론을 짓기에는 무리가 따른다. 이 문제는 300년간 풀리지 않다가 마침내 1994년에 이르러서 영국의 수학자 앤드루 와일스가 n이 3 이상에서는 $x^n + y^n = z^n$을 만족하는 정수의 해가 없음을 입증하였다.

일반적인 해를 얻는 것은 수학에서 굉장히 중요하다. 그런 의미에서 우리의 주제인 여섯 자리 행운의 카드 문제도 여덟 자리, 열 자리 등 모든 경우를 일거에 얻어낼 수 있는 방법이 있으면 더 좋을 것이다. 이런 의문점을 해결해내는 과정이 진정한 수학의 고수가 되는 길이다. 물론 어려운 작업이다. 그러나 참신한 발상은 고차원의 수학 지식을 전혀 필요로 하지 않고 누구나 알기 쉬운 수학 지식만으로 해결되는 경우가 오히려 더 많다.

■   앤드루 와일스(Andrew Wiles, 1953~)는 영국의 수학자로 1994년에 페르마의 마지막 정리를 증명했다. 수학의 노벨상에 해당하는 필즈 메달은 나이 40세 미만 조건에 걸려 수상하지 못했으나, 대신 국제 수학자 연맹에서 1998년 기념 은판을 제작해 수여하였다.

03
이항정리의 파생공식

지민은 종관이 설명한 $(1+x)^n$에 대한 「ㄱ」 법칙이 아주 흥미롭게 들렸다.

"너, 대단한 거 발견했네. 혹시 네가 최초로 발견한 원리 아닐까?"

"야, 말도 안 돼. 이미 다 알려진 사실이겠지. 그런데 왜 위의 두 항의 합이 밑의 항과 같아질까? 참, 너 오늘 학원 안 가냐? 며칠 전처럼 어머니한테 혼나지 말고."

"아직 1시간 정도 여유 있어. 넌 학원 다닐 생각 없냐?"

"그러게, 방학 때는 좀 다녀야 할까봐."

종관은 단순하게 문제만 풀게 하는 학원에 회의를 느껴 그동안 다니지 않았다. 그러나 자신의 수학 지식이 부족하다는 점을 자각하면서 지식을 넓혀야겠다는 생각이 조심스레 싹트고 있었다.

지민은 종관이 작성한 항의 계수만 따로 모은 〈표 3.1.8〉을 유심히 살피며 「ㄱ」 원리를 이용해 종관과 마찬가지 방법으로 $(1+x)^6$의 전개식을 확인해보았다.

"네 말대로 하니 정말로 간단하게 전개되네. 대단해. 이 법칙이 이미 나와 있기야 하겠지만 너 스스로 찾아냈다는 사실에 자부심을 가져도 되겠어, 친구!"

지민은 신기한 듯 직접 $(1+x)^6$을 전개하고 종관이 찾아낸 원리와 비교하면서 연신 고개를 끄덕였다. 그러더니 외마디 소리를 질렀다.

"종관아, 네가 말한 규칙 말고 다른 규칙도 있어. 봐봐. 화살표대로 이어가면 밑으로 연결된 수의 합이 화살표 끝의 수와 같아!(표 3.3.1)"

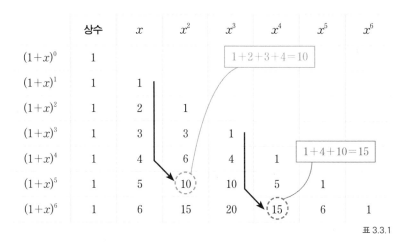

	상수	x	x^2	x^3	x^4	x^5	x^6
$(1+x)^0$	1						
$(1+x)^1$	1	1					
$(1+x)^2$	1	2	1				
$(1+x)^3$	1	3	3	1			
$(1+x)^4$	1	4	6	4	1		
$(1+x)^5$	1	5	10	10	5	1	
$(1+x)^6$	1	6	15	20	15	6	1

$1+2+3+4=10$

$1+4+10=15$

표 3.3.1

"어? 그러네. 다른 규칙도 숨어 있었구나." 지민이 찾아낸 새로운 규칙에 신기해하던 종관 역시 표에서 다른 규칙을 찾아낼 수 있었다.

"그러고 보니 이것도 있는데? 이번에는 대각선을 따라 합해진 수의 합이 꺾인 화살표의 끝에 위치한 수야.(표 3.3.2)"

	상수	x	x^2	x^3	x^4	x^5	x^6
$(1+x)^0$	1						
$(1+x)^1$	1	1					
$(1+x)^2$	1	2	1				
$(1+x)^3$	1	3	3	1			
$(1+x)^4$	1	4	6	4	1		
$(1+x)^5$	1	5	10	10	5	1	
$(1+x)^6$	1	6	15	20	15	6	1

$1+2+3=6$

$1+3+6+10=20$

표 3.3.2

"이야, 신기하다. 그런데 왜 이런 규칙들이 성립할까? 그리고 이것이 항상 성립하긴 할까? 예를 들어 $(1+x)^{10}$부터는 성립하지 않을 수도 있잖아. 그러자면 이 규칙들을 입증할 필요가 있어."

평소라면 이런 규칙이 있구나 하고 단순히 암기하는 데 그쳤을 지민이 의문을 던지고 있었다. 상당한 변화였다.

둘은 이 두 규칙이 항상 성립하는 것인지 의문이 들었다. 하지만 해결책을 찾기란 쉽지 않아 보였다. 지민은 행운의 카드 문제도 어렵게 해결한 마당에 또 다른 복잡한 문제로 신경 쓰는 게 골치 아팠다. 더구나 행운의 카드 문제와도 동떨어져 보여 에너지를 소비하고 싶지 않았다.

"야, 그만하자. 나 이제 학원 갈 시간이야. 일단은 우리가 해결한 것부터 네 고모부에게 가서 확인 좀 받자."

"그럴까? 나도 어제 늦게까지 깨어 있어서 좀 피곤하네. 그래, 오늘은 그만하자."

행운의 카드 문제를 해결해서 그런 걸까? 둘은 약간 맥이 풀린 듯 더 이

상의 논의를 진행하지 못한 채 쏟아지는 눈을 뚫고 각자의 목적지로 향해
갔다.

04
이항정리와 조합의 관계

일요일에 고모부를 찾아뵙기로 한 종관은 오랜만에 토요일 하루를 느긋하게 즐기기 위해 만화책을 빌려왔다. 시험 끝난 후로 놀지도 못하고 계속 수학 문제에 빠져 있던 터라 잠시 머리를 식히고 싶었다. 종관은 추리만화를 보면서 자신이 탐정이라도 된 듯 사건의 해결을 위해 만화책 저자와 머리싸움을 벌였다.

서너 시간 만화책을 읽은 종관은 맑은 공기를 마시려고 무작정 집을 나섰다. 발길 닿는 대로 걷다가 매서운 겨울바람을 피해 백화점 안으로 들어갔다. 구매 능력은 없어도 컴퓨터 같은 전자제품을 구경하는 것만으로 눈이 즐거웠다. 열심히 아이쇼핑을 하던 중 종관의 핸드폰 벨이 시끄럽게 울렸다. 지민이었다. 수화기 너머로 들려오는 얘기는 종관의 정신을 확 깨웠다.

"종관아, 나 어제 우리가 해결하지 못한 문제 풀었어."

평상시라면 스마트폰이나 컴퓨터를 하며 보냈을 시간에 지민이 수학 문제를 붙들고 있었다고? 일순간 경쟁심이 생긴 종관은 이렇게 말했다.

"정말? 대단한데. 그런데 내가 지금 하던 일이 있어서 조금 있다가 연락할게."

전화를 끊은 종관은 빠르게 어제의 문제를 생각하기 시작했다. 표는 자신이 고민 고민해서 작성한 것이라 마치 사진처럼 그의 머릿속에 기억하고 있었다. 설령 잊어버리고 있더라도 「ㄱ」의 원리로 표는 단숨에 완성할 수 있다. 그래도 눈으로 보면 훨씬 생각을 전개하기 편해서 펜과 종이를 구입한 후 구석진 자리에 앉았다. 그런데 지민은 이 표에서 발견한 세 개의 원리 모두를 해결한 것일까, 아니면 하나 혹은 두 개를 해결한 것일까? 도무지 감을 잡기 어려웠다. 어떻게 해서 「ㄱ」이 성립하는 것일까? 고민의 시간이 흘렀다.

'안 되겠어. 「ㄱ」은 성립한다고 넘어가고 〈표 3.3.1〉 혹은 〈표 3.3.2〉가 성립되는지부터 살펴봐야겠어.'

「ㄱ」법칙이 성립한다고 가정하고 새로운 마음으로 임하자 전에 생각지 못했던 것이 순간 하나의 영상처럼 떠오르며 해결책이 보였다. 복잡한 수식 없이 오직 그림만으로 설명하는 방법이었다. 〈그림 3.4.1〉의 굵은 화살표 끝에 위치한 사각형 내의 수 a는 「ㄱ」법칙에 의해 그림의 ①과 같이 b와 c로 표시된 두 사각형의 내에 위치한 수들의 합과 같다.

$$a=b+c$$

또한 c 역시 「ㄱ」법칙에 의해 그 수가 표시된 사각형의 위에 위치한 두 사각형 d와 e의 합이 될 것임은 자명하므로 '$c=d+e$'이다.(그림 3.4.1의 ②) 따라서

$$a=b+\underline{c}=b+\underline{d+e}$$

임을 알게 된 것이다. e의 수 역시 바로 위의 두 수의 합과 같고, 이렇게 계속 진행(③과 ④)하다 보면 바로 〈표 3.3.1〉의 원리가 성립됨은 자명한 것이었다.

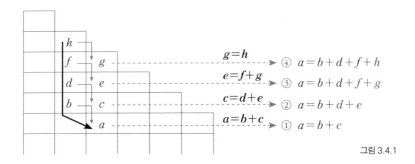

그림 3.4.1

백화점 안의 소음은 종관에게 전혀 방해가 되지 않았다. 깊은 몰입의 세계에 빠져 있었기 때문이다. 바로 〈표 3.3.2〉에 눈길을 돌린 종관은 역시 「ㄱ」 원리로 성립할 수밖에 없음을 대번에 알 수 있었다. (독자 분들도 충분히 알아낼 수 있다.)

두 원리의 성립을 증명하자 종관은 그제야 주변의 소음이 들리기 시작했다. 몰입의 세계에서 벗어난 것이다.

한편 이날 아침, 종관에게 박사와의 만남이 일요일로 연기되었다는 소식을 들은 지민은, 평상시면 별일 없이 시간을 때웠을 토요일에 느닷없이 새로운 문제에 도전하고 싶은 욕구가 마음 깊은 곳에서 일었다. 그러면서 어제 해결하지 못한 「ㄱ」의 원리에 대해 혼자 도전하기 시작했다.

갑자기 해법이 팍팍 떠오르리라 기대할 수는 없었다.

'그래, 「ㄱ」 법칙은 종관이 찾아낸 것이잖아. 나는 확인만 했고.'

그런 생각이 들자 지민은 자신이 직접 전개를 해보며 종관의 흔적을 쫓아가기로 했다. 대신 $(1+x)^n$보다 좀 더 일반식에 가까운 $(a+b)^n$으로 전개해보는 것이 나을 듯했다. $(a+b)^2$이나 $(a+b)^3$ 등은 수학시간에 많이 접했던 식이라 어쩐지 더 친근해 보였기 때문이다.

$$(a+b)^0 = 1$$
$$(a+b)^1 = a \quad + b$$
$$(a+b)^2 = a^2 \quad + 2ab \quad + b^2$$
$$(a+b)^3 = a^3 \quad + 3a^2b \quad + 3ab^2 \quad + b^3$$
$$(a+b)^4 = a^4 \quad + 4a^3b \quad + 6a^2b^2 \quad + 4ab^3 \quad + b^4$$
$$(a+b)^5 = a^5 \quad + 5a^4b \quad + 10a^3b^2 \quad + 10a^2b^3 \quad + 5ab^4 \quad + b^5$$

표 3.4.2

계수끼리 왜 그러한 규칙을 지니게 되는 것일까? 지민은 생각을 거듭했다. 그리고 「ㄱ」 법칙이 성립함을 보이기 위해서는 각 항의 계수가 어떻게 나왔는지에 대한 궁극적인 의문을 해결해야 할 것 같았다. 즉, $(a+b)^n$을 전개할 때 각 항의 계수를 구하는 법칙을 찾아보기로 한 것이다.

$(a+b)^2$에서 a^2과 b^2은 일리가 있지만 ab의 계수가 왜 2가 나올까? 고민하며 〈그림 3.4.3〉을 그렸다.

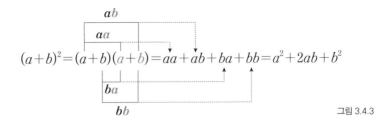

$$(a+b)^2 = (a+b)(a+b) = aa + ab + ba + bb = a^2 + 2ab + b^2$$

그림 3.4.3

서서히 지민은 뭔가를 깨닫기 시작했다. 숨어 있는 비밀의 문을 살포시 연 것이다. 혹시 $(a+b)^2$에서 $2ab$가 나온 것은 a와 b를 일렬로 나열하는 경우의 수가 아닐까? 가슴이 쿵쾅쿵쾅 방망이질 치듯 요동치기 시작했다. '갑자기 왜 이렇게 떨리지?' 수학 공부를 하면서 이렇게 설레는 마음이 든 적은 예전에 없었다. 지민은 $(a+b)^3$을 전개해서 나온 각각의 계수들로 자신이 유추한 생각이 맞는지 확인해보았다.

$$(a+b)^3 = a^3 + 3a^2b + 3ab^2 + b^3$$

a^2b는 a 두 개와 b 한 개이므로 나열하는 경우는 aab, aba, baa 세 가지가 있어서 a^2b의 계수는 $_3C_2$인 3이 된 것이다. 다시 말하면 $(a+b)^n$의 전개로 나오는 각각의 항의 계수는 조합으로 해석이 가능한 것이다. 새로운 사실을 찾아낸 지민은 엄청난 기쁨이 온몸을 휘감았다. 마음을 차분히 가라앉히고 지민은 자신의 추론을 정리하였다.

1) $(a+b)^n$을 전개하여 나오는 항은 항상 a^kb^{n-k}의 꼴이다. (단, $k=0, 1, 2, \cdots, n$)

2) 이때 a^kb^{n-k}의 계수는 k개의 a와 $(n-k)$개의 b를 일렬로 나열하는 경우의 수와 같다.

$$_nC_k(=_nC_{n-k})$$

이번 절의 내용에서 알 수 있듯 $(a+b)^n$을 전개한 각 항의 계수는 조합의 방법을 이용해서 얻어낼 수 있다.

> $(a+b)^4$의 a^2b^2의 계수는 2개의 a와 2개의 b, 4개 문자를 일렬로 나열하는 경우의 수

⬇

> $(a+b)^n$의 a^kb^{n-k}의 계수는 k개의 a와 $(n-k)$개의 b 문자를 일렬로 나열하는 경우의 수, 즉 $_nC_{n-k}=\,_nC_k$

이제 이 결과를 수식으로 표현하면 다음과 같다.

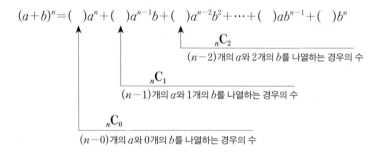

$$(a+b)^n=(\quad)a^n+(\quad)a^{n-1}b+(\quad)a^{n-2}b^2+\cdots+(\quad)ab^{n-1}+(\quad)b^n$$

$_nC_2$
$(n-2)$개의 a와 2개의 b를 나열하는 경우의 수

$_nC_1$
$(n-1)$개의 a와 1개의 b를 나열하는 경우의 수

$_nC_0$
$(n-0)$개의 a와 0개의 b를 나열하는 경우의 수

정리하면 다음과 같고, 이를 **이항정리**라 한다. 각각의 계수는 **이항계수**라 한다.

$$\therefore\ (a+b)^n=\,_nC_0a^n+\,_nC_1a^{n-1}b+\cdots+\,_nC_{n-1}ab^{n-1}+\,_nC_nb^n$$

$$=\sum_{k=0}^{n}\,_nC_ka^{n-k}b^k=\sum_{k=0}^{n}\,_nC_ka^kb^{n-k}$$

(3.4.4)

05
「ㄱ」원리의 증명

종관이 지민의 집을 방문한 것은 그날 저녁 시간이었다. 지민은 아직 흥분이 가시지 않은 듯 그날 자신이 해결한 내용을 종관에게 설명했다. 이야기를 다 들은 종관이 말했다.

"전개한 계수가 조합의 의미와도 같다니! 너 대단하다! 그러면 여기에서「ㄱ」원리도 증명이 된 거니?"

지민이 씩 웃으며 표를 그려나갔다.(표 3.5.1)

"이 표가 어떤 것인지는 알겠지?"

종관은 이 표가 자신이 얻어낸 〈표 3.3.1〉에서 계수를 좀 전 지민이 설명한 이항정리 내용을 이용하여 이항계수로 바꿨을 뿐임을 알았다. 그리고 진하게 칠해진 $_nC_k$의 수는 바로 위의 □으로 칠해진 곳에 위치한 두 수를 더한 값과 같다는「ㄱ」원리였다.

	상수	x	x^2	$\cdots$	x^{k-1}	x^k	$\cdots$	$\cdots$	$\cdots$
$(1+x)^0$	$_0C_0$								
$(1+x)^1$	$_1C_0$	$_1C_1$							
$(1+x)^2$	$_2C_0$	$_2C_1$	$_2C_2$						
	$\cdots$	$\cdots$	$\cdots$	$\cdots$					
	$\cdots$	$\cdots$	$\cdots$	$\cdots$					
	$\cdots$	$\cdots$	$\cdots$	$\cdots$	$\cdots$				
$(1+x)^{n-1}$	$_{n-1}C_0$	$_{n-1}C_1$	$\cdots$	$\cdots$	$_{n-1}C_{k-1}$	$_{n-1}C_k$	$\cdots$		
$(1+x)^n$	$_nC_0$	$_nC_1$	$\cdots$	$\cdots$	$_nC_{k-1}$	$_nC_k$	$\cdots$	$\cdots$	
	$\cdots$	$\cdots$	$\cdots$	$\cdots$	$\cdots$	$\cdots$	$\cdots$	$\cdots$	$\cdots$

표 3.5.1

“그래서?”

“그래서긴? 이제

$$_nC_k = {}_{n-1}C_{k-1} + {}_{n-1}C_k \tag{3.5.2}$$

가 성립한다는 것만 보이면 「ㄱ」의 법칙이 항상 만족한다는 뜻이 되지 않겠니?”

종관이 고개를 끄덕이자 지민은 바로 〈식 3.5.2〉의 우변을 풀어 적었다.

$$
\begin{aligned}
우변 &= \frac{(n-1)!}{(k-1)!(n-k)!} + \frac{(n-1)!}{k!(n-1-k)!} \\
&= \frac{k \cdot (n-1)!}{k!(n-k)!} + \frac{(n-k) \cdot (n-1)!}{k!(n-k)!} \\
&= \frac{n!}{k!(n-k)!}
\end{aligned}
$$

"우와! 진짜 양변이 같구나. 그렇다는 것은 「ㄱ」 원리가 항상 성립함을 뜻하는 거네. 지민이 너, 대단하다."

"나도 내가 이상해. 이런 적이 없었거든."

"그리고 그다음은? 아직 증명할 것이 남아 있잖아."

"아, 〈표 3.3.1〉과 〈표 3.3.2〉에 대한 것? 그건 잘 되지 않더라고. 사실 아직 해결 못 했어. 조합기호를 사용해서 두 관계식을 정리하면 〈표 3.5.3〉과 같고 앞에서의 〈표 3.3.1〉과 〈표 3.3.2〉의 성립 관계를 이항계수를 사용하여 나타내봤어.(표 3.5.3)"

$_0C_0$							
$_1C_0$	$_1C_1$						
…	…	…					
$_kC_0$	$_kC_1$	…	$_kC_k$				
$_{k+1}C_0$	$_{k+1}C_0$	…	$_{k+1}C_k$	$_{k+1}C_{k+1}$			
…	…	…	…	…			
$_{n-1}C_0$	$_{n-1}C_1$	…	$_{n-1}C_k$	$_{n-1}C_{k+1}$	…	$_{n-1}C_{n-1}$	
$_nC_0$	$_nC_1$	…	$_nC_k$	$_nC_{k+1}$	…	$_nC_{n-1}$	$_nC_n$
$_{n+1}C_0$	$_{n+1}C_1$	…	$_{n+1}C_k$	$_{n+1}C_{k+1}$	…	…	…
…	…	…	…	…	…	…	…
$_{n+k}C_0$	$_{n+k}C_0$	…	$_{n+k}C_k$	…	…	…	…
$_{n+k+1}C_0$	$_{n+k+1}C_1$	…	$_{n+k+1}C_k$	…	…	…	…

표 3.5.3

$$_kC_k + {}_{k+1}C_k + \cdots + {}_nC_k = {}_{n+1}C_{k+1} \tag{3.5.4}$$

$$_nC_0 + {}_{n+1}C_1 + {}_{n+2}C_2 + \cdots + {}_{n+k}C_k = {}_{n+k+1}C_k \tag{3.5.5}$$

"그런데 봐. 이건 너무 복잡하고 간단치 않아. 분명 식을 잘 정리하면 양변이 같다는 것은 보일 수 있겠지만 네가 지난번 말한 것처럼 그 과정이 아름답지 않고 지저분하잖아."

종관이 보기에도 두 식은 과연 복잡하다. 어쩌면 처음부터 이러한 복잡한 식으로 만났으면 해결은 물 건너갔을 것이다. 종관은 지민에게 자신이 해결한 방법을 설명하였고, 그 생각의 흐름에 따라 지민이 밝힌 식을 이용해서 〈식 3.5.4〉를 증명하였다. (〈식 3.5.5〉는 독자 여러분 각자 증명해보시길.)

$$_{n+1}C_{k+1} = {}_nC_{k+1} + {}_nC_k$$
$$= {}_{n-1}C_{k+1} + {}_{n-1}C_k + {}_nC_k$$
$$= {}_{n-2}C_{k+1} + {}_{n-2}C_k + {}_{n-1}C_k + {}_nC_k$$
$$\vdots$$
$$= {}_kC_k + {}_{k+1}C_k + \cdots + {}_{n-1}C_k + {}_nC_k$$

"생각을 이처럼 시각화해서 처리하니 이렇게 복잡한 문제를 일순간에 해결할 수 있구나. 정말 놀라워."

뿌듯한 마음으로 가득 찬 두 친구의 대화는 밤늦도록 이어졌다. 최근 둘에게 일어나는 일련의 일은 앞으로 그들 인생에 크게 영향을 줄 중요한 경험이 되기에 충분했다.

$_nC_k = {}_{n-1}C_{k-1} + {}_{n-1}C_k$의 〈식 3.5.2〉의 성립에 대해서는 다음과 같이 해석하여 증명할 수 있다.

$_{n-1}C_{k-1}$: $(n-1)$개에서 $(k-1)$개를 선택하는 방법

$_{n-1}C_k$: $(n-1)$개에서 k개를 선택하는 방법

$_nC_k$: n개에서 k개를 선택하는 방법

결론적으로 n개에서 k개를 선택하는 경우의 수는 $(n-1)$개에서 k개를 선택하는 방법과 $(n-1)$개에서 $(k-1)$개를 선택하는 경우의 수의 합임을 뜻하고 있다. 예를 들어 생각해보자.

$$_5C_3 = {}_4C_3 + {}_4C_2 \tag{3.5.6}$$

위의 식은 $_4C_3 = 4$, $_4C_2 = 6$이고 $_5C_3 = 10$이니 수식적으로 정확하다는 것은 사실이다. 그러나 개념적으로 위의 식이 성립함을 이해해보자. A에서 E까지 5개의 문자에서 3개를 고르는 10가지의 경우를 다음의 〈표 3.5.7의 ①〉에 일일이 나열했다.

먼저 E를 제외한 4개의 문자에서 3개를 선택하는 경우를 ①의 그림과 비교해서 같은 사례가 되는 곳에 위치시켰다.(표 3.5.7의 ②) $_4C_3 = 4$이므로 6가지가 부족하게 나오는 것은 당연하다.

이제 E가 반드시 포함되어 3개의 문자를 고르는 경우라면 A에서 D까지 4개의 문자에서 2개를 선택하는 배열, $_4C_2 = 6$가지를 ③에 표시할 때 ②가 채우지 못한 ①의 부분에 위치시킬 수 있었다.

① A~E까지의 문자에서 3개를 선택하는 경우			② A~D까지의 문자에서 3개를 선택하는 경우			③ A~D까지의 문자에서 2개를 선택하는 경우		
A	B	C	A	B	C			
A	B	D	A	B	D			
A	B	E				A	B	E
A	C	D	A	C	D			
A	C	E				A	C	E
A	D	E				A	D	E
B	C	D	B	C	D			
B	C	E				B	C	E
B	D	E				B	D	E
C	D	E				C	D	E

표 3.5.7

결론적으로 다음 그림과 같이 n개의 카드에서 k개를 고르는 경우는 1이 반드시 포함된 상태, 즉 $(n-1)$개의 카드에서 $(k-1)$개를 고른 경우의 수와 1이 포함되지 않았을 때 나머지 $(n-1)$개의 카드에서 k개를 고르는 경우의 수로 분류가 가능하다.

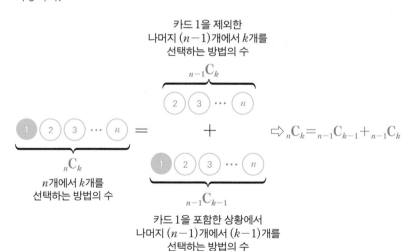

베르누이 수

3장에서 우리는 급수의 합을 텔레스코핑 방법으로 단계별로 구할 수 있음을 배웠다. 그런데 문제 풀이가 하나의 방법만 존재하는 경우가 드물듯이 급수의 합을 구하는 것도 다른 방법으로 가능하다. 그중 하나가 **베르누이 수**를 사용하는 것으로 야코프 베르누이(Jakob Bernoulli)에 의해 만들어졌다. 스위스의 수학자인 야코프 베르누이의 집안은 수학사를 빛낸 대단한 가문이다. 미적분학 발전에 지대한 공을 세우고 레온하르트 오일러를 제자로 키운 요한 베르누이(Johann Bernoulli)가 그의 동생이며, 액체의 운동에 관한 그 유명한 베르누이 방정식을 이끌어낸 다니엘 베르누이(Daniel Bernoulli)는 그의 조카였다. 베르누이 가문은 12명의 위대한 수학자와 물리학자를 배출했다.

이 대단한 집안의 일화 중 하나가 미적분학에서 함수의 극한을 해결하는 방법으로 강력한 위력을 발휘하지만 자주 애용할 경우 수험생들에게 좌절감을 안겨주는 **로피탈의 정리** 와 관련이 있다. 사실 이 정리는 프랑스의 수학자이자 후작인 기욤 드 로피탈(Guillaume de l'Hôpital)이 아닌 요한 베르누이가 발견한 것이다. 이렇게 된 연유는 요한 베르누이가 로피탈의 미적분학 교사로 있으면서 월급에 대한 답례로 자신의 업적을 넘겨주었기 때문이다.

베르누이 수는 급수의 합뿐만이 아니라 다른 여러 상황에 적용되는 매우 유용한 수이지만 유도는 이 책의 수준을 벗어난 것이라 결과만을 적어보기로 한다.

■　　로피탈의 정리: 만약 $f(x)$와 $g(x)$가 $x=a$에서 미분가능이고 $f(a)=g(a)=0$이며 $\lim_{x \to a}\dfrac{f'(x)}{g'(x)}$가 존재하면 $\lim_{x \to a}\dfrac{f(x)}{g(x)}=\lim_{x \to a}\dfrac{f'(x)}{g'(x)}$ 이다.

$n > 0$에 대하여 $B_0 = 1$이 주어지면 다음과 같은 수열 $\{B_n\}$을 '베르누이 수'라 한다.

$$B_n = -\frac{1}{n+1} \sum_{j=0}^{n-1} {}_{n+1}C_j B_j$$

위의 정의로부터 다음을 알 수 있다.

$$B_1 = -\frac{1}{2}, \quad B_2 = -\frac{1}{6}, \quad B_3 = 0, \quad B_4 = -\frac{1}{30}, \quad B_5 = 0, \quad B_6 = \frac{1}{42}, \cdots$$

이때 급수의 합은 다음과 같이 나타난다.

$$S_k(n) = \sum_{i=1}^{n} i^k = \frac{1}{k+1} \sum_{j=0}^{k} B_j \cdot {}_{k+1}C_j (n+1)^{k+1-j}$$

위의 식을 이용하여 $\sum_{i=1}^{n} i = \frac{n(n+1)}{2}$임을 확인해보자. $k=1$이므로 위의 식에 대입하여 정리하면 다음과 같다.

$$
\begin{aligned}
S_1(n) &= \frac{1}{2} \sum_{j=0}^{1} B_j \cdot {}_2 C_j (n+1)^{2-j} \\
&= \frac{1}{2} \{ B_0 \cdot {}_2 C_0 (n+1)^2 + B_1 \cdot {}_2 C_1 (n+1) \} \\
&= \frac{1}{2} \{ (n+1)^2 - (n+1) \} \quad \left(\because {}_2 C_0 = 1, {}_2 C_1 = 2, B_1 = -\frac{1}{2} \right) \\
&= \frac{1}{2} n(n+1)
\end{aligned}
$$

3.1 ☆☆

31^n(단, n은 자연수)을 900으로 나눌 때 나머지가 최대로 나오게 하는 최소의 수 n 및 그때의 나머지를 구하라.

3.2 ☆☆

아래의 수식이 의미하는 바를 파악하여 계산을 간단히 하라.

$$_{50}C_0 \cdot {}_{50}C_{50} + {}_{50}C_1 \cdot {}_{50}C_{49} + {}_{50}C_2 \cdot {}_{50}C_{48} + \cdots + {}_{50}C_{49} \cdot {}_{50}C_1 + {}_{50}C_{50} \cdot {}_{50}C_0$$

3.3 ☆☆☆

다음의 물음에 답하라.

(1) 임의의 원 위에 n개의 점이 일정한 간격으로 있을 때, 이들 점으로 만들어낼 수 있는 삼각형의 개수를 구하라.

(2) 임의의 원 위에 5개의 점이 일정한 간격으로 있다. 임의로 3개의 점을 잡아서 삼각형을 만들 때 원의 중심이 삼각형의 내부에 있을 확률을 구하라. 또한 7개의 점이 있을 경우에서 확률은?

(3) 임의의 원 위에 홀수 개인 $(2n+1)$개의 점이 같은 간격으로 있을 때, 문제 (2)의 확률을 구하라.

(4) 어떤 원 위에 서로 다른 세 점을 임의로 선택해서 만들어진 삼각형이 원의 중심을 포함할 확률을 구하라.

3.4 ☆☆

다음 항등식이 성립함을 조합의 예를 들어 설명하라.

$$_nC_m \cdot {}_mC_r = {}_nC_r \cdot {}_{n-r}C_{m-r}$$

'수학의 본질은 자유로움에 있다(칸토어)'고 하듯 수학은 아무도 생각해내지 못한 새로운 분야를 창출해내는 살아 있는 학문이다. 하지만 그 자유로움이 방종이 되지 않기 위해서는 수학세계에 허락을 받아야 한다. 단순한 조합의 개념은 마치 생명체와 같이 수열, 이항정리, 미적분에 이르기까지 영역을 확장하였기에 허락받은 이론이다.

4장

중복조합의
새로운 이해

01
실망과 희망의 교차

밤을 새울 정도로 수학 대화를 나눈 둘은 몸은 무거웠지만 기분은 날아갈 듯했다. 게다가 오랜만에 날씨가 풀려 따뜻한 기운이 두 사람을 감싸 마음마저 풍요로움을 느꼈다. 종관과 지민은 고모부가 계신 아파트에 도착했다.

"안녕하세요, 박사님."

종관에게는 고모부이지만 지민은 수학을 새롭게 보게 하는 그분을 박사라고 부르고 싶어했다.

"저희가 쉬는 시간을 뺏은 건 아닌지 모르겠네요."

"어른스럽게 말하네. 틀린 말은 아니야. 하하." 크게 웃고 나서 박사가 말을 이었다. "괜찮아, 오후에는 저놈이랑 놀기로 했고 지금은 특별히 일이 없어."

'저놈'이란 분명 고모부의 막내딸임이 확실했다.

"고모는 어디 나가셨어요?"

"응. 큰 애들 옷 살 것이 있다고 나갔어. 옷 사준다고 하니까 휴일이면 12시에 일어나던 애들이 일찍도 준비하더라고. 너희들은 몇 시에 일어났니? 밥은 먹었고?"

"예, 저희 집에서 같이 먹고 왔어요." 지민이 재빨리 대답했다.

"같이 잤다고?"

"예, 박사님이 내주신 문제를 풀다가 생긴 여러 의문점을 둘이서 의논하면서 보냈어요. 보통 때면 컴퓨터 게임을 하며 늦게 잠들었겠지만 지난 밤만큼은 달랐습니다."

"그래? 그럼 내가 내준 문제를 둘이서 해결했니?"

"예! 답은 75376(식 3.2.1)입니다." 지민이 자신 있게 답을 얘기했다.

"나도 답은 몰라. 직접 계산해봐야 알 수 있어. 무엇보다 답만 맞아서는 곤란해. 얼마나 논리적으로 접근해서 답을 얻어냈는지, 그 과정이 더 중요하지."

박사의 말에 두 사람은 그동안 해결했던 과정을 자세히 설명했다. 가만히 두 사람의 이야기를 끝까지 경청한 박사는 상당히 만족한 얼굴로 둘을 바라보았다.

"우와, 대단해. 솔직히 문제를 풀었다는 것도 그러하지만 그 과정에서 생긴 의문점들을 해결하며 이항정리 등을 비롯해 여러 사실을 깨달았다는 점이 나를 더 놀랍게 하는데?" 박사는 진정 감탄하면서 말을 했다. "솔직히 너희 둘이 이렇게 열심히 할 줄 몰랐어. 종관에게 문제 낼 때만 해도 그냥 던져본 거였는데 말이야. 하다 말 거라고 생각했거든."

"마치 어떤 마력이 있는 문제인 것 같아요." 박사의 칭찬에 한껏 들떠 지민이 힘주어 얘기했다.

"그런데 학교에서 배울 내용도 아닌 이항정리까지 한 것은 좀 과했던 것 같아요. 호기심에 시도하다 보니 알아내긴 했지만요."

옆에서 잠자코 듣고 있던 종관이 말을 꺼냈다. 종관의 말에 박사가 반색하며 말을 했다.

"무슨 소리야? 이항정리는 너희들이 배우는 내용이야."

"그래요? 지민아, 너 학원에서 배웠니?"

"아직 거기까지는 배우지 않았어. 아마 곧 배우게 되겠지."

"배우지 않은 상태에서 식을 유도했다는 건 굉장히 대단한 일이야. 두 사람은 최소한 이항정리를 포함해 수열과 조합에 대한 시험에서는 틀리는 일이 앞으로 없을 것 같은데?"

박사의 말에 지민이 느낀 바를 말했다.

"박사님. 저는 지금까지 수학 공부를 굉장히 잘못된 방향으로 해왔다는 걸 이번에 알았어요. 그저 배웠던 방식으로 문제를 풀기만 하다 보니 수학이란 과목이 참 무미건조하고 재미없다고만 생각했거든요. 그런데 이번 경험을 통해 엄청 재밌는 과목이 수학이란 걸 알게 됐어요."

"그래, 그런 점을 느꼈다면 내가 생각한 이상으로 이번 계기가 둘에게 의미가 깊었던 것 같구나. 그건 그렇고, 안타깝게도 너희 둘이 구한 답은 잘못되었네."

"예?" 외마디 비명이 절로 튀어나왔다. 더 산뜻한 방법이 있을 것은 예견했지만 계산한 값마저 틀렸다는 것은 뜻밖이었다.

"유추는 생각을 이끌어내는 주머니라 할 수 있어. 특히 수학에서는 과히 문제해결의 강력한 도구야. **주어진 문제에서 어떤 규칙이나 패턴을 인식하여 그것을 자신이 알고 있는 내용으로 해석해, 이걸 씨앗 삼아 생각을 발전시켜 처**

리하는 것은 수학에서 엄청난 무기이지. 둘이 유추를 통해 문제를 접근하는 방식에 나는 개인적으로 아주 탄복했어. 하지만 생각지 못했던 곳에서 오류가 발생하는 경우는 흔한 일이지. 너희들의 실수는 10 이상의 수에 대해서도 그럴 것이라고 너무 당연하게 넘어간 데서 나온 거야."

"10 이상이라뇨?"

"〈식 2.5.5〉를 이용해서 세 수를 더한 수가 0이 되는 경우의 수는 1, 1이 되는 경우의 수는 3(=1+2), 2가 되는 경우의 수는 6(=1+2+3) 등을 구했잖아. 너무 완벽하고 훌륭해. 하지만 세 수의 합이 9가 되는 경우는 1부터 10까지의 합인 55가 된다고 하는 것까지는 문제가 없는데, 10이 되는 경우의 수가 1부터 11까지의 합인 66일까?"

두 사람은 박사의 말이 이해되지 않아 멀뚱멀뚱 눈만 껌뻑였다.

"의심스러워 하니 합이 10이 되는 세 수를 일일이 내가 나열해볼게."

$$(10, 0, 0), (0, 10, 0), (0, 0, 10), (9, 1, 0), (9, 0, 1), (0, 9, 1), \cdots$$

박사가 나열한 수들을 뚫어지게 보던 종관이 이상한 점이 있어 질문을 던졌다.

"고모부, 10이 있는 세 개는 빼야 되지 않나요?"

종관의 날카로운(?) 지적에 박사는 흠칫 놀라는 것 같은 모습으로 말했다.

"어? 그러네. (10, 0, 0)이나 (0, 10, 0), (0, 0, 10)은 4자리의 수가 되어버리니까 빼야겠구나."

그제야 고모부의 의도를 파악한 종관이었다.

"아, 고모부. 알겠어요." 모든 것을 이해한 듯 종관은 지민에게 설명하기 시작했다.

"그러니까, 지민아. 우리는 세 개의 수를 더해 10이 나오는 경우의 수를 구하기 위해 1부터 11까지의 합을 구했잖아. 그런데 세 개의 수의 합 $(a_1+a_2+a_3)$이 10인 경우에서 세 수가 $(10, 0, 0)$이라고 해봐. a_1이 10이 되는 셈인데 이것은 잘못된 것이잖아."

"a_1이 10이 되어서는 안 된다는 것쯤은 알겠어. 그런데 무슨 이야기를 하려는 건지 잘 모르겠어."

"그러니까 우리는 $(10, 0, 0)$ 등을 포함한 답을 구했다는 거야."

지민은 그래도 의아해하는 표정을 짓고 있었다. 왜 자신들의 계산에 그런 경우가 포함되었는지 그 이유를 몰라서다.

"세 수의 합이 10인 경우의 수를 각 수가 10 이상이 되어서는 안 된다는 제한조건 없이 구한 격이야."

듣고 보니 그 말이 맞았다. a_1, a_2, a_3은 0에서 9까지 한 자리의 수만 가능하지 않나!

"우리가 제한조건 없이 구했기 때문에 각 자리의 수가 10 이상도 포함되었다는 말이지? 아~ 그러면 종관아, 우리가 전에 4자리 행운의 카드 수를 구한 적이 있잖아. 그 계산도 잘못되지 않았을까?"(표 2.4.3 참조)

"그때는 다행히 두 수의 합이 9가 되는 경우까지만 구해서 계산의 오류는 없어." 종관은 다시 고모부를 보며 말을 이었다. "그렇게 되면 고모부, 세 수의 합이 11, 12 등도 모두 틀렸겠네요?"

"당연하지. 풀었다는 기쁨에 흥분하다 보니 중요한 사실 하나를 간과하고 풀어버린 거야. 아주 중요한 요소인데. 그것만 고려하면 답이 나오긴 하지만……." 잠시 뜸을 들인 박사가 이내 말을 꺼냈다. "그런데 행운의 카드를 찾는 문제가 이처럼 6자리가 아니라 8자리나 그 이상이면 어떻게 할래?"

"종관이 지난번에 같은 의문점을 제기한 적이 있었어요. 하지만 당장 6 자리도 해결하기 어려운 마당에 8자리 행운의 카드는 나중에 생각하자고 했죠."

"정말로?" 박사는 종관이 논리적인 의문점을 도출했다는 사실에 실로 놀라워했다.

"박사님, 제 생각으로는 귀찮기는 하겠지만 이미 해법을 알고 있으니 같은 방법으로 답을 구하면 되지 않을까요?"

"종관이 네 생각은?"

"저는…… 훨씬 좋은 해법을 찾는 것이 좋다고 생각해요. 고모부가 수학자들은 복잡한 계산보다는 좀 더 쉽고 간단한 해법을 추구한다고 했는데 우리가 택한 방법은 상당히 복잡하거든요."

"그래, 맞는 말이야. 행운의 카드에서도 이처럼 번거롭게 하지 않고 한 번에 해결하는 방법이 있단다. 아마 구하기가 만만치 않을 거야. 방법이 어렵다는 것도 아니고 둘을 무시하는 것도 결코 아니야. 아직 배운 것이 일천한 너희들이 단시간 안에 찾아내는 것은 불가능하다고 할 수 있지." 잠시 물 한 모금을 마신 박사는 다시 말을 이어갔다. "그래서 내가 힌트를 줄게. 힌트에 어떤 의미가 내포되었는지를 밝혀내게 되면 8자리나 그 이상의 자리에 대해서도 행운의 카드 수를 한 번에 구할 수 있는 방법을 찾아낼 수 있을 거야."

"어떤 힌트요?"

둘은 기대에 찬 눈빛으로 박사를 쳐다보았다.

"다음의 식을 전개해봐. 그리고 그 속에 숨어 있는 비밀을 밝히고 행운의 카드 문제의 또 다른 해법을 알아가지고 오면 내가 맛있는 식사를 사주마."

박사가 적어준 수식은 다음과 같았다.

$$(1+x+x^2+\cdots+x^8+x^9)^3 \qquad \text{(4.1.1)}$$

종관도 그렇지만 지민이 보기에도 평범한 전개식이었다. 단지 x^9까지 있다는 점, 그것을 세제곱해야 한다는 번거로운 절차가 발생하지만 누구나 전개가 가능한 일반적인 식이었다. 수식을 받아든 두 학생은 황당한 표정을 지으면서 박사를 쳐다보았다.

〈식 4.1.1〉을 행운의 카드의 **생성함수**라 하는데 그 말의 의미는 너희가 이 문제를 해결하면 저절로 알게 될 것이다."

"생성함수요?" 둘은 눈을 동그랗게 뜨고 생성함수라는 들어본 적 없는 용어를 소리 내어 말해보았다.

"며칠 후면 방학이지? 충분히 문제를 풀 여유가 있겠네. 그리고 비록 너희들이 이번에 가지고 온 답은 틀렸지만 그 과정에서 얼마나 많은 지식과 지혜를 얻었니? **방법이 좋았건 전혀 엉뚱했건 모든 시도에서 얻은 경험은 너희들에게 살아 있는 지식**이 될 거야. 그리고 그것이 수학 공부의 방법이기도 하고. 그런 과정에서 너희 둘의 수학 실력은 내가 장담컨대 아주 우수해질 거야."

박사와의 만남은 일단 이렇게 끝이 났다. 힌트인 수식은 적을 필요도 없었다. 그만큼 평범한 식이어서 외워가는 데 아무런 문제가 없었으니까.

둘은 전날 얘기하느라 잠이 부족했지만 시험 끝난 날 못 한 일을 오늘

하자고 약속을 해두었던지라 곧바로 번화가로 향했다. 오늘은 수학 문제를 잊어버리고 신나게 놀기로 마음먹었지만 박사가 해준 이야기가 두 사람의 머릿속에서 한동안 떠나지 않았다.

다항식

$2xy$, $5x^3$과 같이 수 혹은 몇 개의 문자들의 곱으로 나타낸 식을 **단항식**이라고 한다. 단항식에서 곱해진 문자의 개수를 그 단항식의 차수라 하는데, $2xy$는 x와 y의 두 문자로 곱해졌으므로 2차, $5x^3$은 x가 3개 곱해진 것이므로 3차가 차수가 된다. 단, 상수항의 차수는 0으로 본다. 문자를 제외한 상수가 그 항의 계수이다.

단항식이 대수의 합으로 연결된 식을 **다항식**이라 하고, 다항식을 이루는 각 단항식을 그 다항식의 **항**이라 한다. 예를 들어 다음과 같은 다항식이 있을 때,

$$xy + 2x^2y$$

xy 그리고 $2x^2y$는 각각 항이고 $2x^2y$의 차수는 x의 차수가 2, y의 차수가 1이므로 3차항이다.

내용을 전개함에 있어 아주 기본적이지만 자주 나오는 곱셈식의 전개에 대해 다루고 다음 장으로 넘어가도록 하자. 곱셈식은 아주 간단함에도 불구하고 의외로 계산 실수가 많이 나온다. 이유는? 노력, 즉 훈련을 게을리 했기 때문이다. 전개식에서 중요한 것은 **같은 차수 혹은 같은 문자들을 효율적으로 배치하여 정리하는 능력**이 길러졌을 때 복잡한 전개식도 쉽게 계산할 수 있는 힘이 생긴다는 점이다.

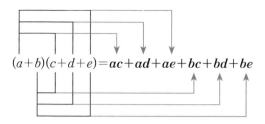

이러한 다항식으로 반드시 알아야 대표적인 식은 다음과 같다.

$$(a+b)(a-b)=a^2-b^2$$

$$(x+a)(x+b)=x^2+(a+b)x+ab$$

$$(x+a)(x+b)(x+c)=x^3+(a+b+c)x^2+(ab+bc+ca)x+abc$$

02

비밀의 문, 생성함수

지민은 수학의 매력에 빠져들고 있었다. 집에 들어오자마자 박사가 제시한 수식이 어떤 의미가 있는지 혼자 탐구하기 시작했다.

왜 이런 수식을 힌트라고 준 걸까? 박사의 말대로 일단 전개부터 하는 게 우선이라고 판단한 지민은 세제곱하기 전에 제곱을 해보기로 했다.

$$(1+x+x^2+\cdots+x^8+x^9)^2$$
$$=1+2x+3x^2+4x^3+5x^4+6x^5+7x^6+8x^7+9x^8+10x^9$$
$$+9x^{10}+8x^{11}+7x^{12}+6x^{13}+5x^{14}+4x^{15}+3x^{16}+2x^{17}+x^{18} \quad \text{(4.2.1)}$$

총 19개의 항이 나오다 보니 꽤나 짜증스러운 과정이었다. 이제 전개된 위의 수식에 $1+x+x^2+\cdots+x^8+x^9$을 다시 곱해야 할 생각을 하니 막막했다. 분명 전개해서 나오게 될 식은 x^{27}항이 가장 차수가 큰 항이 될 것이므로 상수항을 포함 총 28개의 항이 나올 것임은 자명했다.

다시 자리에 앉아 마음을 차분하게 하고 세제곱을 시작했다. 낮은 차수는 어느 정도 정리가 가능했다.

$$(1+x+x^2+\cdots+x^8+x^9)^3=1+3x+6x^2+\cdots \tag{4.2.2}$$

음? 이러한 수의 전개는 눈에 익다. 1, 3, 6. 그러면 x^3의 계수는 10이고 x^4의 계수는 15? 세 수의 합의 경우의 수에서 얻은 값과 묘하게도 일치하는 점이 있다. 그렇다면 혹시 x^3의 차수 3이 세 수를 더한 값이고 그 계수가 경우의 수를 의미하는 것일까? 전개항을 확장해서 x^3과 x^4의 계수를 확인해보았다. 과연 각각의 계수는 10과 15였다. 신기하게도 다항식의 전개가 행운의 카드와 연관되는 연결고리가 있었던 것이다.

생각이 여기에 이르자 지민은 세 수의 합이 10이 되는 경우의 수가 63이 나올지 궁금해졌다. 자신들의 계산방식으로는 10 이상을 제외해야 하는 조건을 배제해서 잘못된 결과인 66을 도출하였다. 그런데 만약 〈식 4.2.2〉의 전개식에서 x^{10}의 계수가 63이 바로 튀어나온다면? **이 식은 10 이상의 제한조건을 굳이 염두에 두지 않고서도 모든 경우의 수를 한꺼번에 토해내는 마법의 식이 아닌가!** 빨리 확인해보고 싶은 생각에 마음이 촉박해졌다.

제곱한 (4.2.1)의 식에 $1+x+x^2+\cdots+x^8+x^9$을 곱할 때 나오는 x^{10}의 경우만 뽑아내기로 했다.

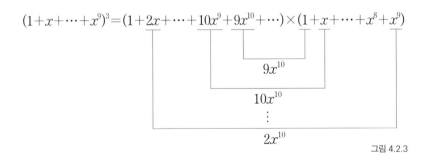

그림 4.2.3

〈그림 4.2.3〉과 같이 진행되어 x^{10}의 계수들은 다음의 수를 합한 값이 됨이 확실하다.

$$9+10+9+8+7+6+5+4+3+2=63$$

그렇다. 모든 것이 지민의 예상과 정확히 맞아 떨어졌다. 결론적으로 $(1+x+x^2+\cdots+x^8+x^9)^3$을 전개해서 나온 식의 **$x^n$에서 n은 세 수의 합을 뜻하고 그 계수가 세 수의 합이 되는 경우의 수**였다. 뛸 듯이 기뻐한 지민은 x^{10}의 계수를 구한 방법으로 x^{11}, x^{12}, x^{13}의 항의 계수를 구했고 그 계수는 각각 69, 73, 75임을 확인했다.(표 4.2.4) 재빨리 행운의 카드 수를 계산하기 위해 각각의 계수를 제곱해서 더했다.

합$(a_1+a_2+a_3)$	$(1+x+x^2+\cdots+x^8+x^9)^3$의 각 항의 계수	
0, 27	$1, x^{27}$	1
1, 26	x, x^{26}	3
2, 25	x^2, x^{25}	6
3, 24	x^3, x^{24}	10
4, 23	x^4, x^{23}	15
5, 22	x^5, x^{22}	21
6, 21	x^6, x^{21}	28
7, 20	x^7, x^{20}	36
8, 19	x^8, x^{19}	45
9, 18	x^9, x^{18}	55
10, 17	x^{10}, x^{17}	63
11, 16	x^{11}, x^{16}	69
12, 15	x^{12}, x^{15}	73
13, 14	x^{13}, x^{14}	75

표 4.2.4

일일이 제곱해서 더해야 하는 대단히 번거로운 작업이었지만 지민에게는 문제가 되지 않았다. 이제 이렇게 계산된 값을 두 배 한 값이 바로 행운의 카드 개수가 될 것이었다.

$$1^2+3^2+6^2+\cdots+73^2+75^2=27626$$
$$2\times 27626=55252 \qquad (4.2.5)$$

물론 박사가 요구한 방법은 아니라서 찜찜한 구석은 있었다. 하지만 수식의 의미를 알아냈다는 그 자체로 지민은 기분이 좋았다.

다음 날 종관과 학생 휴게실에서 만난 지민은 자신이 어제 알아낸 내용에 대해 이야기했다. 종관은 피곤해서 잠을 자느라 힌트에 대해 전혀 생각해보지 않았다.

"너, 열정이 대단한데?

"놀리는 거 아니지?"

"진심이야. 우리 왜 이 수식과 행운의 카드 경우가 이렇게 일치하는지 분석해보자. 그래야 한 번에 행운의 카드 개수를 구하는 방법을 찾을 수 있을 것 같거든."

"나도 같은 생각이야."

그들은 왜 서로 별개로 보이는 두 사례가 같은 결과를 도출하게 되는지, 의문을 품고 지민이 얻은 결론을 정리해나갔다.

"세제곱하는 것은 분명 세 수의 합을 뜻하는 거야.(그림 4.2.6의 ①) 아마 4개의 수를 더하는 경우의 수를 구할 때에는 4제곱을 하겠지."

종관의 말에 지민은 흐뭇한 미소를 띠며 경청했다. 자신의 생각을 인정

받은 것 같아 뿌듯함을 느꼈다. 한껏 들뜬 지민이 말을 이어받았다.

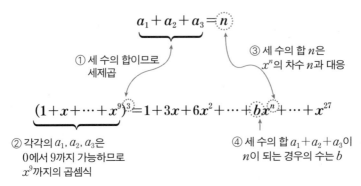

$$a_1 + a_2 + a_3 = n$$

① 세 수의 합이므로
세제곱

③ 세 수의 합 n은
x^n의 차수 n과 대응

$$(1+x+\cdots+x^9)^3 = 1 + 3x + 6x^2 + \cdots + bx^n + \cdots + x^{27}$$

② 각각의 a_1, a_2, a_3은
0에서 9까지 가능하므로
x^9까지의 곱셈식

④ 세 수의 합 $a_1 + a_2 + a_3$이
n이 되는 경우의 수는 b

그림 4.2.6

"그렇지! 그리고 더하는 세 개 각각의 수 a_1, a_2, a_3가 0에서 9까지만 가능하므로 다항식의 항이 1에서 x^9까지만 있을 거야.(그림 4.2.6의 ②) 또한 전개식에서 x^n의 차수 n은 세 수를 더한 수와 일치하고(그림 4.2.6의 ③), x^n의 계수는 세 수의 합 n의 경우의 수와 맞아떨어져(그림 4.2.6의 ④)." 지민의 말에는 자신감이 가득 담겼다.

종관은 지민이 얘기한 내용에 따라 행운의 카드와 다항식의 전개에 서로 관련 있는 내용을 〈표 4.2.7〉로 정리했다. 그리고 떠오르는 것이 있었다.

세 수(a_1, a_2, a_3)의 합		다항식
각각의 수 $a_i(i=1, 2, 3)$가 취하는 값은 $0, 1, 2, \cdots, 9$	↔	$1 + x + x^2 + \cdots + x^9$
세 수의 합		세제곱
$a_1 + a_2 + a_3 = n$의 경우의 수		전개식에서의 x^n의 계수

표 4.2.7

"지민아, 4자리 행운의 카드 수를 구할 때에 두 수의 합이 되는 경우의
수를 구한 적이 있잖아."

"아, 맞아!"

둘은 두 수의 합이 되는 경우의 수(표 2.4.3)와 $(1+x+x^2+\cdots+x^8+$
$x^9)^2$을 전개한 〈식 4.2.1〉을 자신들이 말한 관점(표 4.2.7)에서 비교해 보았
다. 과연 정확히 일치하였다. 수학의 신기한 마법에 그저 어안이 벙벙했
다. 황홀의 도취에서 빠르게 벗어난 종관이 말을 했다.

"다른 경우로 한 번 더 확인해보자. 네 개의 수를 더한 경우로 바꾸고 각
각의 수가 0, 1, 2 세 개의 수만이 가능하다고 해서 비교해보는 거야. 우리
의 추론이 정말로 정확하다면 $1+x+x^2$을 4제곱하여 확인해보면 되는
것이겠지. 항의 수가 줄어들었으니까 전개도 쉽고 비교하기도 쉬울 것 같
거든."(그림 4.2.8)

각각의 수는 0, 1, 2만 가능 ⟵⟶ $1+x+x^2$

4개의 수를 더하므로 4제곱한다.

$a_1+a_2+a_3+a_4$ ⟵⟶ $(1+x+x^2)^4$

$a_1+a_2+a_3+a_4=n$의 경우의 수와 오른쪽 식의 x^n의 계수 P_n은 같다. ⟵⟶ $(1+x+x^2)^4 = \sum_{n=0}^{8} \mathrm{P}_n x^n$

그림 4.2.8

지민은 종관의 의견에 동의하면서 $(1+x+x^2)^4$을 전개했다.

$$(1+x+x^2)^4 = 1+4x+10x^2+16x^3+19x^4+16x^5+10x^6+4x^7+x^8$$

(4.2.9)

이 식의 결과로 4개의 수를 더해 합이 0이 되는 경우의 수는 상수항(x^0)
에 해당하는 수인 1개, 합이 1이 되는 경우의 수는 x의 계수인 4, $\cdots$임을

바로 알리고 있는 셈이다. 과연 그러한지 확인이 필요해 두 친구는 일일이 모든 사례를 조사해서 비교했다. 그들의 예상은 정확하게 맞아떨어졌다.

네 개의 수를 더해 합이 5가 나오는 경우의 수가 〈식 4.2.9〉의 x^5의 계수인 16인지 하나의 예만 살펴보자. 3 이상이 불가능하므로 네 개의 수를 더해 5가 나오는 조합은 아래의 두 가지로부터만 가능하다.

$(2, 2, 1, 0)$을 나열하는 경우의 수 $\quad \dfrac{4!}{2!1!1!} = 12$ (식 2.2.1 참조)

$(2, 1, 1, 1)$을 나열하는 경우의 수 $\quad \dfrac{4!}{1!3!} = 4$

서로 연관이 없을 것이라 여겼던 조합과 다항식이 멋지게 짝을 이룬 셈이다. 지민은 그 사실을 스스로 파악해낸 자신이 자랑스러워 희열이 다시 온몸을 감쌌다.

"이제 이유도 확실히 알겠어. 〈그림 4.2.10〉과 같이 네 개의 수 a, b, c, d가 각각 2, 0, 2, 1이라고 하면 $(1+x+x^2)^4$에서는 순서대로 x^2, x^0, x^2, x^1이 선택된 경우와 일대일 대응이 되듯 모든 경우가 이처럼 대응이 될 수 있으니까 두 사례는 동치가 되겠어."(표 4.2.11)

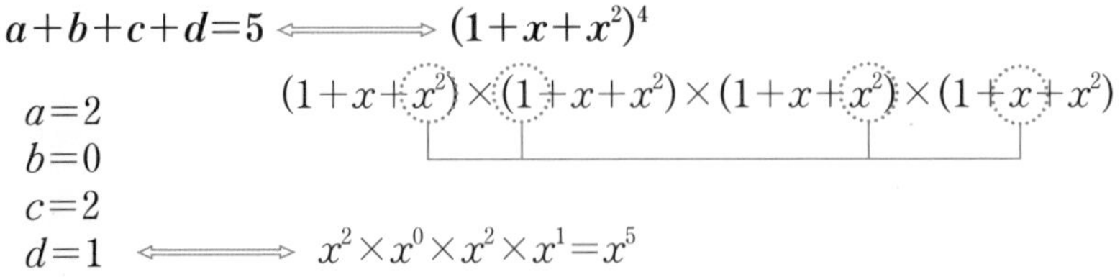

$a+b+c+d=5 \Longleftrightarrow (1+x+x^2)^4$

$(1+x+x^2) \times (1+x+x^2) \times (1+x+x^2) \times (1+x+x^2)$

$a=2$
$b=0$
$c=2$
$d=1 \Longleftrightarrow x^2 \times x^0 \times x^2 \times x^1 = x^5$

그림 4.2.10

순번	$a+b+c+d=5$				$\{f(x)\}^4$에서 x^5 (여기서 $f(x)=1+x+x^2$)						
	a	b	c	d	$f(x)$	$\times$	$f(x)$	$\times$	$f(x)$	$\times$	$f(x)$
1	2	2	1	0	x^2		x^2		x		1
2	2	2	0	1	x^2		x^2		1		x
3	2	1	2	0	x^2		x		x^2		1
4	2	0	2	1	x^2		1		x^2		x
5	2	1	0	2	x^2		x		1		x^2
6	2	0	1	2	x^2		1		x		x^2
7	1	2	2	0	x		x^2		x^2		1
8	0	2	2	1	1		x^2		x^2		x
9	1	2	0	2	x		x^2		1		x^2
10	0	2	1	2	1		x^2		x		x^2
11	1	0	2	2	x		1		x^2		x^2
12	0	1	2	2	1		x		x^2		x^2
13	2	1	1	1	x^2		x		x		x
14	1	2	1	1	x		x^2		x		x
15	1	1	2	1	x		x		x^2		x
16	1	1	1	2	x		x		x		x^2

표 4.2.11

종관이 계속 말을 이었다.

"지민아, 지난번에 고모부께서 알려준 이와 같은 식을 생성함수라고 했잖아. 생성이란 뜻은 '만들어낸다'는 의미이고 말이야. 어쩌면 힌트로 준 식이 바로 행운의 카드 모든 경우의 수를 한꺼번에 생성해낼 수 있어서 이런 이름이 붙은 것은 아닐까?"

03

중복조합

"이 다항식으로 세 수의 합이 나오는 모든 경우의 수를 일거에 얻어낼 수 있다니! 진짜 놀랍기는 하다. 그런데 그다음이 문제야. 행운의 카드 수를 구하기 위해서는 다항식을 전개해서 각각의 계수를 구한 후 각 계수의 제곱을 더해야만 해. 여전히 이 반복되는 계산의 굴레에서 벗어나지 못하고 있어."

"……그렇구나."

"한 번에 구하는 방법을 찾는 것이 목적이지 일일이 계수를 구하는 것은 의미가 없어. 결국 이 계수들을 제곱해서 더해야 하는데……."

종관의 지적은 옳았다. 하지만 기분만큼은 묘했다. 하나를 해결하면 새로운 문제가 튀어나오는 행운의 카드 문제는 마치 하나의 의문점이 씨앗이 되어 해결의 열매를 맺으면 그 열매가 또 다른 의문점을 낳는 씨앗이 되는 도깨비 상자 같았다. 하지만 이상하게 계속 이런 의문점이 샘솟듯 끝없이 이어지기를 갈구하는 마음이 두 친구에게는 있었다. 여기에서 그치지 않기를 바라는 것이다. 계속 지혜를 발휘하여 새로운 지식을 찾아 떠나는 탐험가, 미지의 세계를 개척하여 발굴하는 창조의 기쁨, 이들은 진정한 학문의 즐거움을 알아가고 있는 것이다.

"더구나 8자리 행운의 카드 수를 계산한다고 해봐.

$$(1+x+x^2+\cdots+x^9)^4$$

위의 식을 전개해서 각 계수들을 구한 다음 역시 제곱해서 더해야 하잖아. 답은 분명 고모부가 제시한 다항식에 있을 거야. 일단 세제곱해서 얻어지는 다항식의 계수들을 쉽게 구하는 방법을 찾는 것이 우선이겠어. 단계적으로 접근하면서 많은 정보를 획득해야 한 단계 더 높은 생각을 할 수 있을 테니까."

각 항의 계수를 쉽게 구하는 방법을 찾는다? 물론 그렇다고 행운의 카드 문제가 해결되는 것은 아니다. 그 점은 종관 역시 충분히 인지하고 있었다. 그러나 아직까지 실마리가 보이지 않아 계수를 구하는 방법에 대해 알아보는 일이 순서라는 생각이 든 것일 뿐이었다.

두 사람은 다시 수학 삼매경에 빠져들었다. 계수를 구하는 방법의 문은 쉽게 열리지 않았다. 시간은 흘러 저녁 시간에 이르자 허기가 밀려왔다.

"너, 오늘은 학원 안 가냐?"

"응. 학원보다 너랑 이렇게 문제 푸는 게 훨씬 얻는 게 많은 것 같아. 학원 다니지 말까?"

"오히려 나는 다녀야겠더라. 너무 아는 게 없어서 말이야. 아~ 배고프다, 밥이나 먹고 하자."

지민은 밥을 먹으면서도 머릿속은 온통 문제에 대한 생각으로 가득했다. 종관도 그런지 말이 없었다. 경험이 보약이라 했던가, 지민은 이항정리를 했을 때 어떻게 구했는지를 되새겨보다 $(1+x+x^2)^4$을 $(a+b+c)^4$으로 바꿔서 비교해보면 뭔가가 떠오르지 않을까 싶었다.

$$(a+b+c)^2=a^2+b^2+c^2+2ab+2bc+2ca$$

지민은 식사 후 위의 식을 적어놓고 생각에 잠겼다. 4제곱으로 직접 접근하기보다는 더욱 간단한 식에서 단계적으로 살펴보는 것이 경험적으로 나을 것 같았다. 그러고 보니 이들의 계수는 과연 3.4절에서 했던 내용과 같은 맥락이 아닌가! 지민의 눈이 번뜩였다. $(a+b+c)^2$을 전개했을 때 하나의 항 ab의 계수가 2가 나온 이유는 바로 a와 b를 나열하는 경우의 수였다. 항의 수가 하나 늘었다고 바뀔 것이 없었다. $(a+b+c)^3$에 대해서도 확인 작업에 돌입했다. 먼저 직접 전개를 통해 아래의 식을 얻었다.

$$(a+b+c)^3=a^3+b^3+c^3+3a^2b+3ab^2+3b^2c+3bc^2+3c^2a+3ca^2+6abc$$

항 a^2b는 a 두 개와 b를 일렬로 나열하는 경우이고 이 경우의 수는 3이므로 a^2b의 계수는 3이다. 항 abc의 계수는 6으로 이것은 a, b, c 세 개의 문자를 나열하는 경우의 수와 그 값이 같다.

'그런데 왜 아까는 이 생각이 떠오르지 않은 걸까? 알고 있는 내용인데…… 내가 성취감에 너무 도취되어 있었나?'

지민은 $(a+b+c)^4$까지 확인하려 하다가 문득 이때 나오게 될 항의 수가 몇 개일지 아리송해졌다. $(a+b+c)^2$에서는 전개된 항의 수가 6개(a^2, b^2, c^2, ab, bc, ca), $(a+b+c)^3$에서는 전개된 항의 수가 10개(a^3, b^3, c^3, a^2b, ab^2, b^2c, bc^2, c^2a, ca^2, abc)였다. 그러면 $(a+b+c)^4$의 항의 수는 몇

개가 될까? 그러고 보니 6과 10이 차례대로 또 등장했다. 그러면 15?

"종관아, 다른 의문점이 생겼어. $(a+b+c)^n$을 전개해서 나오는 항의 수가 이번에도 1, 3, 6, 10, …으로 진행되네.(표 4.3.1) 이 경우에는 왜 또 이렇게 나오는 걸까?"

$(a+b+c)^0$의 항의 개수	1개
$(a+b+c)^1$의 항의 개수	3개
$(a+b+c)^2$의 항의 개수	6개
$(a+b+c)^3$의 항의 개수	10개

표 4.3.1

지민은 자신의 의문점을 종관에게 설명하다 불현듯 떠오른 것이 있었다.

"그래! a, b, c 3개의 문자로 4개의 문자를 선택하는 경우의 수가 $(a+b+c)^4$을 전개한 항의 개수가 될 거야."

"질문도 하고 답도 내고……. 혼자 북치고 장구 치는 거야? 그런데 무슨 말이야?"

"실제의 예를 들어 설명해볼게. 가령 지하철이 모두 3량(A, B, C)인데 4명의 사람이 지하철에 승차할 때 만들 수 있는 경우를 생각해보자, 이거야. 이게 전개식과 같은 논리이거든. 4명의 승객 각각이 타는 지하철의 객실은 3개 중 어느 하나이겠지. 4명의 손님이 3개의 객실 중 하나를 선택하면 되는 것이니까 결국은 3개의 객실을 중복해서 4개를 고르는 경우의 수와 일치하는 격이잖아."

종관은 그래도 이해가 안 되기는 마찬가지였다.

"지하철의 상황과 전개식이 왜 같다는 것인지 도통 모르겠다."

어떻게 설명해야 하나? 지민은 고민스러웠다. 자신은 직감적으로 이 사실이 와 닿았지만 설명 자체가 모호한 건 사실이었다. 그림? 지민은 이 두 상황을 효과적으로 비교하여 나타낼 수 있는 방법은 도식화라고 생각했다. 종관과 함께 문제를 풀면서 지민은 도표나 그림으로 표현하는 훈련에 어느 정도 익숙해져 있었다.

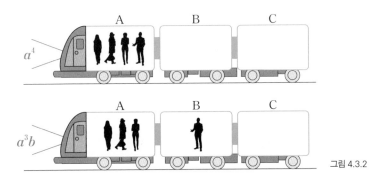

그림 4.3.2

"〈그림 4.3.2〉와 같이 $(a+b+c)^4$의 전개에서 a^4의 항은 지하철 A칸에 사람 4명이 탄 경우와 대응되고, a^3b의 항은 A칸에 3명, B칸에 1명이 탄 경우와 대응시켜보자고."

"아! 그러니까 사람은 구별하지 않고 단지 A, B, C의 어떤 칸에 사람이 몇 명 탔느냐에 주안점을 두면 두 사례는 같은 경우의 수를 도출하게 된다는 거구나."

방금 지민이 얘기한 지하철 상황을 머릿속에 그려보던 종관이 이제는 완전히 이해한 듯 모든 사례와 지하철의 상황을 일대일 대응으로 비교하였다.(표 4.3.3)

순번	$(a+b+c)^4$	지하철 A	B	C
1	a^4	●●●●		
2	b^4		●●●●	
3	c^4			●●●●
4	a^3b	●●●	●	
5	a^3c	●●●		●
6	ab^3	●	●●●	
7	b^3c		●●●	●
8	ac^3	●		●●●
9	bc^3		●	●●●
10	a^2bc	●●	●	●
11	ab^2c	●	●●	●
12	abc^2	●	●	●●
13	a^2b^2	●●	●●	
14	a^2c^2	●●		●●
15	b^2c^2		●●	●●

표 4.3.3

"이런 사례는 더 많겠어. 바둑돌 100개를 서로 다른 10개의 상자에 집어넣는 경우의 수를 구하는 것도 이 사례에 해당해. 야구경기에서 10점을 뽑았다고 했을 때의 경우의 수도 그럴 것이고. 총 9이닝이니까 10점을 이닝별로 배열하는 조합의 수이잖아."

"그렇지. 그건 그렇고 이러한 문제에 대한 경우의 수를 어떻게 하면 쉽게 구할까?"

"글쎄……."

잠시 고민하던 종관이 말했다. "직접 해보자. 방금 얘기한 바둑돌도 같은 사례니까 그걸 구해서 해보자고."

"바둑돌? 그걸 어디서 구해?"

"선생님들 쉬는 휴게실에 바둑판과 알이 있잖아. 내가 갔다 올게."

말이 끝나자마자 종관은 자리에서 일어나 교사 휴게실로 향했다. 저녁 시간이라 휴게실에는 아무도 없었다. 종관은 검은색과 흰색이 든 바둑통 두 개를 통째로 집어서 지민이 기다리는 장소로 돌아왔다.

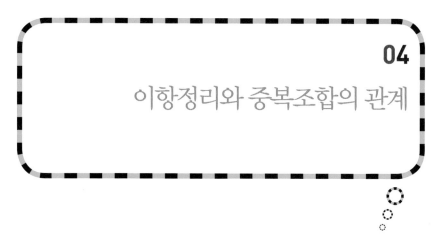

04
이항정리와 중복조합의 관계

바둑알을 넣을 상자가 마땅치 않자 종관은 종이 위에 기다란 선 2개를 긋더니 각 영역을 하나의 방이라 하고 A, B, C로 이름 붙였다. 이제 3개의 방으로 구분한 종이 위에 바둑돌 1개를 집어넣은 경우를 따져보았다. 3가지가 가능했다.(그림 4.4.1)

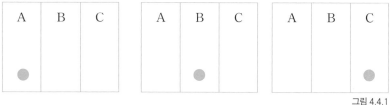

그림 4.4.1

이번에는 바둑돌 2개를 마찬가지 방법으로 한 결과 6가지임을 알 수 있었다.(그림 4.4.2) 충분히 예상한 결과였다. 왜냐하면 $(a+b+c)^n$을 전개해서 얻어지는 항의 개수와 n개의 바둑돌을 3개의 방에 배열하는 경우는 동치임을 이미 앞장에서 확인한 터라 오히려 1, 3, 6, …의 수의 배열이 나오지 않는 것이 더 이상하다.

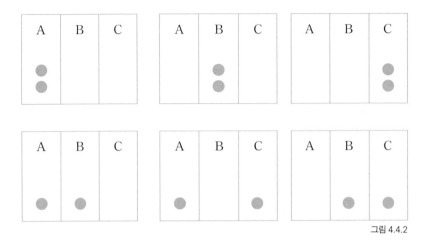

그림 4.4.2

"종관아, 예상은 했지만 우리가 이 수열의 그물에 걸려 빠져나오지 못하는 거 같아."

"어쩌면 다행이지 않겠어? 우리가 알고 있는 수의 배열이라면 충분히 해결할 수 있다는 의미이니까."

과연 바둑돌 3개에 대해서 10가지의 경우가 나왔다.

잠시 뜸을 들인 두 사람은 3개의 방이다 보니 자꾸 그 수열의 함정에 빠져 생각을 펼치기가 어렵다고 판단했다. 차라리 4개의 방일 때 어떻게 될 것인지 알아보는 편이 낫다고 생각했던 것이다. 그렇게 합의한 두 사람은 다른 종이 위에 선으로 4개의 구역을 표시한 후 각 방을 A, B, C, D라 칭하고 좀 전의 방법과 같이 바둑돌의 개수에 따

방의 개수가 4개일 때 바둑돌의 개수에 따른 배열의 경우의 수

바둑돌의 개수	경우의 수
1	4
2	10
3	20
4	35

표 4.4.3

른 경우의 수를 일일이 조사했다.

4개의 방에 바둑돌 개수에 따라 위치시키는 경우의 수는 바둑돌의 개수가 하나씩 늘어남에 따라 4, 10, 20, 35가 됨을 알게 되었다.(표 4.4.3) 그리고 지금까지 얻어낸 방의 수와 바둑돌의 개수에 따른 경우의 수를 도표로 깔끔하게 정리했다.(표 4.4.4)

방의 수 바둑돌의 개수	1	2	3	4
1	1	2	3	4
2	1	3	6	10
3	1	4	10	20
4	1	5	15	35

표 4.4.4

〈표 4.4.4〉를 유심히 살피던 종관은 수의 구성과 배열이 〈표 3.3.1〉(혹은 〈표 3.5.1〉)과 상당히 유사하다는 점을 간파했다.

"오호라! 위 표의 수의 전개과정이 이항정리의 계수들과 일치하고 있어. 예를 들어 $k=2$인 곳(〈표 4.4.4〉의 빗금 친 영역)을 따라 적힌 수들은 $_3C_2(=3)$, $_4C_2(=6)$, $_5C_2(=10)$, …으로 진행되잖아. 이것을 참고해서 기존에 우리가 작성했던 〈표 3.3.1〉에 일치하게 배열시키면 〈표 4.4.5〉와 같을 거야.

	$k=0$	$k=1$	$k=2$	$k=3$	$k=4$	$k=5$	$\cdots$	k
	$1(={}_0C_0)$							
	$1(={}_1C_0)$	$1(={}_1C_1)$						
	$1(={}_2C_0)$	$2(={}_2C_1)$	$1(={}_2C_2)$					
	$1(={}_3C_0)$	$3(={}_3C_1)$	$3(={}_3C_2)$	$1(={}_3C_3)$				
	$1(={}_4C_0)$	$4(={}_4C_1)$	$6(={}_4C_2)$	$4(={}_4C_3)$	$1(={}_4C_4)$			
	$1(={}_5C_0)$	$5(={}_5C_1)$	$10(={}_5C_2)$	$10(={}_5C_3)$	$5(={}_5C_4)$	$1(={}_5C_5)$		
	$\vdots$	$\vdots$	$\vdots$	$\vdots$	$\vdots$	$\vdots$	$\vdots$	
		${}_nC_2$	${}_nC_3$	${}_nC_4$				${}_nC_k$

| ↑ | ↑ | ↑ | ↑ | ↑ | ↑ | | ↑ |
| 1개 | 2개 | 3개 | 4개 | 5개 | 6개 | | $(k-1)$개 |

방의 개수

표 4.4.5

종관은 잠시 뜸을 들이더니 얘기를 계속해나갔다.

"방이 3개일 때 바둑돌의 개수에 따른 경우의 수인 $1, 3, 6, 10, \cdots$의 수열이 〈표 4.4.5〉에서 빗금 친 영역의 수의 배열과 완전히 일치하잖아. 그렇다면 이렇게 해석할 수 있지 않을까? $k=0$인 곳은 방이 1개, $k=1$인 열의 수들은 방 2개, 방 4개는 $k=3$인 곳의 수들이 될 것이라고."

과연 그랬다. 종관이 계속 말을 이었다.

"다시 $k=2$인 곳(표의 빗금 친 영역)에 집중하면 ${}_2C_2$는 방의 개수가 3개이고 바둑돌의 개수가 0개라고 할 수 있어. 그리고 ${}_3C_2$는 방의 수가 3개이고 바둑돌의 개수가 1개가 될 거야. 이런 식으로 따지면 ${}_4C_2$는 방의 수가 3개, 바둑돌은 2개가 되겠지."(그림 4.4.6)

"흠, 상당히 일리가 있네. 그러면 $_nC_2$는 방의 수가 3개이고, 바둑돌의 개수가 $(n-2)$개라 할 수 있다는 말이지?"

"그래!"

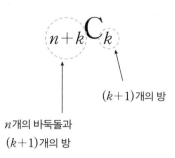

$(k+1)$개의 방

n개의 바둑돌과
$(k+1)$개의 방

그림 4.4.6

중복조합

중복조합(重複組合, combination with repetition)은 서로 다른 n개의 원소에서 중복을 허락하여 r개를 뽑는 경우의 수이다. 가령 a와 b, 2개의 문자로 4개를 뽑는 경우의 수는 다음과 같다.

$$aaaa$$
$$aaab$$
$$aabb$$
$$abbb$$
$$bbbb$$

일반적으로 n개에서 r개를 선택하는 경우의 수는 아래와 같다.

$$_nH_r = {}_{n+r-1}C_r$$

위의 수식이 나온 이유는 다음 절에서 두 친구가 밝혀낼 것이다.

05
중복조합의 예

종관의 추론이 정확하다면 이 방법으로 야구에서 10점이 분포되는 경우의 수도 구할 수 있다. 야구의 이닝이 9이닝까지 있으므로 방이 9개라 볼 수 있고, 점수는 10점이므로 바둑돌은 10개라고 생각하면 될 것이다. 따라서 이때의 경우의 수는 $_{18}C_8$이 되어 쉽게 답이 나온다! 얼마나 간단하고 아름다운 해법인가!

종관은 자신이 펼친 생각의 정확성에 카타르시스를 느꼈다. 왜 행운의 카드 문제에 빠져 있는지 어렴풋이 알 것도 같았다. 바로 이 기분을 계속 느껴보고 싶어서라는 것을.

"답은 이렇다고 예상할 수 있지만 왜 그런지 이유를 알아보자. 혹시 우리가 얻어낸 것까지만 적용된다면 완전 우스운 꼴이 될 거야."

"맞아."

"간단한 사례에서 생각하는 것이 역시 좋겠지? 예를 들어 3개의 바둑돌을 3개의 방에 놓는 경우라면? 그리고 이것이 왜 $_5C_2$와 같게 되는지, 도표로 작성해서 알아보자."

"이번에는 내가 직접 해볼게."

지민은 〈표 4.5.1〉과 같이 작성했다.

3개의 방에 따른 바둑알의 배열

	A	B	C
1	●●●		
2		●●●	
3			●●●
4	●●	●	
5	●●		●
6	●	●●	
7		●●	●
8	●		●●
9		●	●●
10	●	●	●

표 4.5.1

종관은 앞에서 얻었던 정보를 되새기며 위의 표에서 흰색의 바둑알이 숨어 있지 않을까 생각하고 뚫어지게 표를 쳐다보며 중얼거렸다.

"3개의 바둑돌을 3개의 서로 다른 방에 놓는 경우의 수가 $_5C_2$와 같다는 것은 조합의 정의로 해석하면 검은색의 바둑알 3개와 흰색의 바둑알 2개를 일렬로 나열하는 경우와 같다는 것인데……."

지민 역시 이상하기는 마찬가지였다.

"검은색 바둑알은 3개 있지만 여기에 흰색 바둑알은 없는데……."

그러한 지민의 말을 듣는 둥 마는 둥 종관은 흰색의 바둑알 2개가 이 속에 숨어 있을 거라 생각하고 계속 도표를 살폈다. 그리고 직감적으로 어

3개의 방에 따른 바둑알의 배열				3개의 검은색 바둑알과 2개의 흰색 바둑알의 배열					
	A	B	C						
1	●●●			1	●	●	●	○	○
2		●●●		2	○	●	●	●	○
3			●●●	3	○	○	●	●	●
4	●●	●		4	●	●	○	●	○
5	●●		●	5	●	●	○	○	●
6	●	●●		6	●	○	●	●	○
7		●●	●	7	○	●	●	○	●
8	●		●●	8	●	○	○	●	●
9		●	●●	9	○	●	○	●	●
10	●	●	●	10	●	○	●	○	●

흰색 바둑돌 「○」을 방과 방을 나누는 칸막이에 대응시켜 나열   표 4.5.2

떤 착상 하나가 번뜩였다.

'혹시 방과 방 사이를 분리시켜주는 선이 흰색의 바둑돌이라면 어떻게 될까?'

종관은 〈표 4.5.1〉을 수정해 〈표 4.5.2〉로 나타냈다. 그의 생각은 정확했다. 놀랍게도 왜 $_5C_2$와 같게 되는지가 명확하게 보였다.

"그렇구나! A, B, C 3개의 방에서 A와 B, B와 C를 구분하는 선을 칸막이라 생각했고, 이 칸막이를 흰색의 바둑알이라 가정한 거야. 그렇게 되면 가령 〈표 4.5.2〉에서 5번의 빗금 친 행을 살피면 A의 방에는 검은 바둑알 2개, C의 방에는 검은 바둑알 1개가 놓여 있는데 방들을 구분하는 선 2개가 그 사이에 존재하고 있잖아. 그것을 흰색 바둑알이라 하면 〈그림 4.5.3〉과 같이 정확하게 3개의 검은 바둑돌과 2개의 흰색 바둑돌을 일 렬로 나열하는 경우와 일치하잖아. 그러니까 방 A와 B, B와 C 사이에 칸 막이가 존재하고 있고 그 칸막이를 흰색의 바둑돌로 취급하면, 두 사례는 일대일 대응이 되어 같은 경우를 가리키는 셈이지."

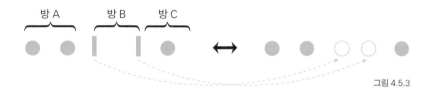

그림 4.5.3

그렇다. 방과 방 사이를 분리하는 선을 칸막이로 생각해 처리하니 같은 색의 바둑돌 3개와 칸막이 2개(흰색의 바둑돌 2개라 생각해도 됨)를 나열하 는 경우와 동치인 셈이었다.

"역시 네가 해낼 줄 알았어!"

둘은 뛸 듯이 기뻐했다. 이제 지민은 자신이 아닌 종관이 문제를 풀어 도 전혀 샘이나 질투가 나지 않는다. 그를 통해 자신의 부족한 점을 메우 고 있음을 알기 때문이다.

지민은 종관의 설명을 듣고 나서 매우 중요한 사실을 하나 깨달았다.

"지금까지 우리가 했던 세 수의 합에 대한 경우의 수도 방금 이 방법으 로 구할 수 있겠는데? 봐, 세 수의 합, $a+b+c=3$일 때 〈그림 4.5.4〉에서 $a=2, b=0, c=1$과 대응되듯이 3개의 방에 3개의 바둑돌을 배치하는 것 과 완벽히 일대일 대응 시킬 수 있겠어!"

"그러네? 당연하겠어. $a+b+c=3$이 되는 경우의 수란 것이 결국 바둑 돌 3개를 서로 다른 a, b, c의 방에 배열하는 사례와 일치하니까!"

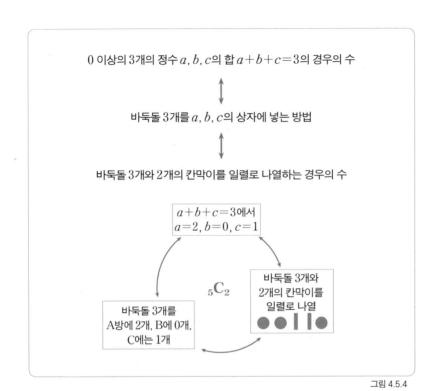

0 이상의 3개의 정수 a, b, c의 합 $a+b+c=3$의 경우의 수

$\updownarrow$

바둑돌 3개를 a, b, c의 상자에 넣는 방법

$\updownarrow$

바둑돌 3개와 2개의 칸막이를 일렬로 나열하는 경우의 수

$a+b+c=3$에서
$a=2, b=0, c=1$

$_5C_2$

바둑돌 3개를
A방에 2개, B에 0개,
C에는 1개

바둑돌 3개와
2개의 칸막이를
일렬로 나열

그림 4.5.4

182

중복조합

case I.
0 이상의 3개의 정수 a, b, c의 합 $a+b+c=8$의 경우의 수

case II.
바둑돌 8개를 a, b, c의 상자에 넣는 방법

case III.
a, b, c의 세 문자를 중복을 허용하면서 순서에 상관없이 8개의 문자를 선택하는 방법

$$_{10}H_2 \Leftrightarrow {}_{n+2}H_2$$

case I.
0 이상의 3개의 정수 a, b, c의 합 $a+b+c=n$의 경우의 수

case II.
바둑돌 n개를 a, b, c의 상자에 넣는 방법

case III.
a, b, c의 세 문자를 중복을 허용하면서 순서에 상관없이 n개의 문자를 선택하는 방법

$a_1+a_2+\cdots+a_n=m$
(단, a_i는 0 이상의 정수,
$i=1, 2, \cdots, n$)

$a_1, a_2, \cdots, a_n$의 n개의 문자로 중복을 허용하며 m개의 선택하는 방법

n개의 검은색 바둑돌,
$(m-1)$개의 흰색 바둑돌을
나열하는 경우의 수

$$_{n+m-1}C_n = {}_{n+m-1}C_{m-1}$$

n개의 검은색 바둑돌,
$(m-1)$개의 흰색 바둑돌을
나열하는 경우의 수

"그러면 세 수를 더해서 나오는 경우와 박사님이 알려준 $(1+x+\cdots$ $+x^9)^3$의 힌트가 서로 일치하니까(식 4.2.2 참조) x^{10}의 계수는 바둑돌 10개 와 칸막이 2개를 일렬로 나열하는 경우로 $_{12}\text{C}_2$가 되겠네."

한껏 들뜬 지민이 거침없이 풀어나갔다.

$$_{12}\text{C}_2 = \frac{12 \times 11}{2 \times 1} = 66$$

"어? 63이 나와야 하는데 또 66이 나오네?"

종관은 고모부가 지적한 문제점이 여기에서도 똑같이 적용돼 그런 것 으로 생각했다.

"이 계산에는 세 수가 0보다 큰 정수라는 조건만 있지 10보다 작아야 한다는 조건이 없어서 그런가봐."

지민이 꽤나 실망한 표정을 지었다. 그 모습을 본 종관이 위로의 말을 건넸다.

"괜찮아. 덕분에 중복조합을 이해했잖아."

"그러게! 이제 중복조합 문제는 어떤 형식으로 꼬아내도 해결할 자신감이 생긴다. 바로 알아내지 못하더라도 차분히 생각하면 방법을 찾을 것 같아."

지민은 이런 모습이 스스로 신기하다. 어느 순간 조합의 상당한 내용을 이해하기 시작했기 때문이다. 그럼에도 행운의 카드 문제는 한 번에 해결할 수 있는 문이 아직 열리지 않는다.

"그러니까 이 계산에서 10이 되는 사례를 제외해야 된다는 것인데……"

다시 바둑알을 집어 들었다. 11개의 바둑돌에 대해서도 마찬가지로 제외되는 사례가 포함될 것이다. 하나의 수가 10 이상이라는 제한조건이 없으면 $_{13}C_2$가 나온다. 제외해야 되는 경우는 몇 가지일까?

10, 1, 0의 세 수로 이뤄진 6개의 쌍

11, 0, 0으로 이뤄진 3개의 쌍

따라서 세 개의 합이 11이 되는 사례는 $_{13}C_2$에서 9를 빼줘야 한다. 이 정도로는 감이 떠오르지 않은 두 친구는 12, 13이 되는 경우를 계속 따져나가 보았다. 그러다가 종관은 배제되는 경우는 항상 10개 이상이 있다는 점에 착안하여 세 상자 중 어느 하나에 이미 10개를 채워 넣으면 어떻게 될까, 하는 생각이 불현듯 스쳤다. 아마도 고모부와 로또계산을 하던 당시 여사건의 개념을 배웠던 경험이 부지불식간에 떠오른 듯했다.

그의 생각은 이랬다. 세 개의 상자에 10개 이상이 들어가는 경우는 제외되는 것이므로 미리 상자에 10개의 바둑돌을 집어넣는다. 즉, 11개의 바둑돌을 세 개의 상자에 넣을 경우 미리 10개의 바둑돌을 a의 상자에 넣었다고 가정하면(그림 4.6.1 참조) 나머지 1개의 바둑돌은 어떤 상자에 집

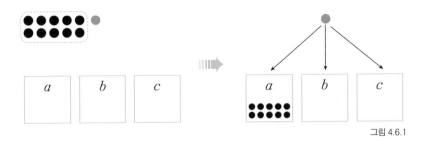

그림 4.6.1

어넣더라도 이미 조건에 위배되어 있다. 또한 12개의 바둑돌이더라도 10개의 바둑돌은 어떤 상자에 이미 들어가 있는 상태이면 나머지 2개의 바둑돌은 어느 상자에 집어넣어도 제외된다. 제외되는 사례를 구하는 방법으로 아주 훌륭한 아이디어다.

바둑돌 11개의 경우에서 〈그림 4.6.1〉처럼 10개의 바둑돌이 a 상자에 있는 상황이라면, 나머지 1개의 바둑돌은 3개의 상자에 넣는 경우의 수가 되므로 $_3C_2 = 3$이 된다. 한편 10개의 바둑돌이 b 혹은 c 상자에도 들어갈 수 있으므로 각각의 경우 역시 3가지가 가능하다. 따라서 바둑돌이 11개에서 배제되는 경우의 수는 $9(=3 \times 3)$가 된다.

바둑돌이 12개인 경우는 10개를 제외한 2개의 바둑돌을 3개의 상자에 넣는 경우의 수($_4C_2$)에 10개의 바둑돌이 놓일 상자의 경우의 수 3을 곱하면 될 것이므로 다음과 같다.

$$3 \times {}_4C_2 = 18$$

이 방법에 의해 세 수의 합이 $10, 11, 12, 13$의 경우의 수는 다음과 같다.

합이 10이 되는 경우 $_{12}C_2 - 3 \times {}_2C_2 = 66 - 3 = 63$

합이 11이 되는 경우	$_{13}C_2 - 3 \times {}_3C_2 = 78 - 9 = 69$
합이 12가 되는 경우	$_{14}C_2 - 3 \times {}_4C_2 = 91 - 18 = 73$
합이 13이 되는 경우	$_{15}C_2 - 3 \times {}_5C_2 = 105 - 30 = 75$

앞서 계산하여 얻었던 결과(표 4.2.4 참조)와 완전히 일치한다. 종관은 어렵게 머리를 쓴 것이 아니라 단지 자신이 얻은 지식을 조합해서 새로운 사실을 이끌어냈다는 점이 뿌듯했다.

비록 행운의 카드 문제 해법을 찾아내지 못했지만 스스로 의문점을 찾아내고 문제를 풀어가면서 여러 소중한 지식을 얻었다는 사실 하나만으로도 두 친구는 만족스러웠다. 그러나 아직 갈 길이 남아 있었다.

포함배제의 원리

본문의 내용은 집합에서의 원소의 개수를 구할 때와 일맥상통한다. $|A|$를 집합 A의 원소의 개수라고 하면, 두 유한집합 A, B의 합집합의 원소의 개수와 각각의 집합의 원소의 개수에는 다음의 관계가 성립한다.

$$|A \cup B| = |A| + |B| - |A \cap B|$$

마찬가지로 직관적으로 집합이 A, B, C 세 개인 경우 합집합의 원소의 개수는 다음과 같이 표현할 수 있다.(그림 참조)

$$|A \cup B \cup C| = |A| + |B| + |C| - |A \cap B| - |B \cap C| - |C \cap A| + |A \cap B \cap C|$$

(4.6.2)

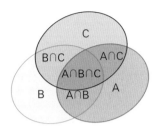

일반적으로 유한집합 S의 부분집합 $A_1, A_2, \cdots,$ A_n이 주어졌을 때, 각 $k = 1, 2, \cdots, n$에 대하여, 이들 중 모든 k개 집합의 교집합의 크기의 합을 β_k 라고 하면 포함배제의 원리에 의해 원소의 개수는 다음과 같다.

$$\left| \bigcup_{i=1}^{n} A_i \right| = \beta_1 - \beta_2 + \beta_3 - \cdots + (-1)^{n-1}\beta_n$$

위의 수식을 집합 3개의 경우에 적용하면

좌변 $= \left| \bigcup_{i=1}^{3} A_i \right| = |A_1 \cup A_2 \cup A_3|$

우변 $= \beta_1 - \beta_2 + \beta_3$

여기서 $\beta_1 = |A_1| + |A_2| + |A_3|,$

$\beta_2 = |A_1 \cap A_2| + |A_2 \cap A_3| + |A_3 \cap A_1|,$

$\beta_3 = |A_1 \cap A_2 \cap A_3|$

조화급수

자연수의 역수로 이뤄진 아래의 식과 같은 수열을 **조화수열**이라 하는데 이들의 합을 구하는 것을 **조화급수**라 한다.

$$H_n = \sum_{r=1}^{n} \frac{1}{r} = 1 + \frac{1}{2} + \frac{1}{3} + \cdots + \frac{1}{n}$$

여기서 n의 값이 커질수록 조화급수의 값이 발산할까? 아니면 어떤 값에 가까워지게 될까? 놀랍게도 그 값은 무한히 커진다. 물론 상당히 느리게 증가한다. 100항까지의 합이 5.187…임에도 1000항까지의 합이 기껏해야 7.486… 정도이다. 심지어 첫 항부터 100만 번째 항까지의 합조차 14.392…에 지나지 않으니 얼마나 느리게 증가하는지 짐작도 되지 않을 정도이다. 1968년 존 렌치 주니어(John W. Wrench Jr.)가 계산한 결과에 따르면 조화급수가 100이라는 수를 넘는데에 필요한 항의 개수가 자그마치

15,092,688,622,113,788,323,693,563,264,538,101,449,859,497

이라고 한다. 확실히 증가하는 것 같긴 하다. 조화급수의 무한은 중세 후기 프랑스 학자인 니콜 오렘(Nicole Oresme, 1323~1382)이 증명했다. 그의 방법을 따라가다 보면 절로 고개가 끄덕여진다.

$$
\begin{aligned}
H_\infty &= 1 + \frac{1}{2} + \left(\frac{1}{3} + \frac{1}{4}\right) + \left(\frac{1}{5} + \frac{1}{6} + \frac{1}{7} + \frac{1}{8}\right) + \left(\frac{1}{9} + \frac{1}{10} + \cdots + \frac{1}{15} + \frac{1}{16}\right) + \cdots \\
&> 1 + \frac{1}{2} + \left(\frac{1}{4} + \frac{1}{4}\right) + \left(\frac{1}{8} + \frac{1}{8} + \frac{1}{8} + \frac{1}{8}\right) + \left(\frac{1}{16} + \frac{1}{16} + \cdots + \frac{1}{16} + \frac{1}{16}\right) + \cdots \\
&= 1 + \frac{1}{2} + \frac{1}{2} \quad\quad + \frac{1}{2} \quad\quad\quad + \frac{1}{2} \quad\quad\quad\quad + \cdots
\end{aligned}
$$

오렘은 놀랍도록 우아한 방법으로 발산한다는 점을 보여주었다. 무한이라는 속성을 적절하게 이용한 증명법이라 할 수 있다. 무한은 끝이 없는 공간이다. 아무리 엄청난 수들로 그룹을 지어도 무한한 공간은 그대로 존재한다. 그러므로 무한에서는 또 다른 그룹을 항상 만들 수 있다. 오렘의 증명법은 이러한 무한의 특성을 활용한 방법인 셈이다. 비슷한 방식이지만 다른 증명방법을 하나 더 소개해본다. 이 역시 그저 수식만 따라가면 이해가 되는 증명법이다.

$$
\begin{aligned}
H_\infty &= 1 \quad\quad + \frac{1}{2} \quad\quad + \frac{1}{3} \quad\quad + \frac{1}{4} \quad\quad + \cdots \\
&= \left(\frac{1}{2}+\frac{1}{2}\right) + \left(\frac{1}{4}+\frac{1}{4}\right) + \left(\frac{1}{6}+\frac{1}{6}\right) + \left(\frac{1}{8}+\frac{1}{8}\right) + \cdots \\
&< \left(1+\frac{1}{2}\right) \quad + \left(\frac{1}{3}+\frac{1}{4}\right) + \left(\frac{1}{5}+\frac{1}{6}\right) + \left(\frac{1}{7}+\frac{1}{8}\right) + \cdots
\end{aligned}
$$

참, 종관이라면 이쯤에서 다음과 같은 질문을 하지 않을까?

$$
1 + \frac{1}{2^2} + \frac{1}{3^2} + \frac{1}{4^2} + \cdots
$$

"위의 급수는 발산할까?" 수렴할 것처럼 보이지만 그래도 아리송하다. 조금 전의 경험으로 보아 함부로 말하기엔 부담스럽다. 나아가서 세제곱, 네제곱의 합은? 그러나 걱정할 필요는 없다. 역시 수학자들은 이러한 질문에 대한 해답을 모두 가지고 있다. 또한 멋진 이름까지 붙여가면서. 그 이름은 바로 **ζ(제타)함수**로 다음과 같이 정의했다.

$$
\zeta(n) = \sum_{r=1}^{\infty} \frac{1}{r^n} = 1 + \frac{1}{2^n} + \frac{1}{3^n} + \cdots
$$

$\zeta(1)$이 무한함은 이미 밝혔고, 그럼 $\zeta(2)$는? 일단 수렴 여부를 확인하는 것이 우선이다. 다행히(?) 이 급수는 발산하지 않고 특정한 값에 가까워진다. 당연히

$\zeta(3), \zeta(4), \cdots$ 등도 수렴을 한다. 왜 수렴하는지는 오렘의 증명법을 비슷하게 적용하면 된다.

$$\zeta(n) = 1 + \left(\frac{1}{2^n} + \frac{1}{3^n}\right) + \left(\frac{1}{4^n} + \frac{1}{5^n} + \frac{1}{6^n} + \frac{1}{7^n}\right) + \cdots$$

$$< 1 + \frac{2}{2^n} \qquad + \frac{4}{4^n} \qquad\qquad\qquad + \cdots$$

$$= 1 + \frac{1}{2^{n-1}} \qquad + \left(\frac{1}{2^{n-1}}\right)^2 \qquad\qquad + \cdots$$

$$\therefore \quad \zeta(n) < \frac{1}{1 - \dfrac{1}{2^{n-1}}}$$

n이 1 이상의 자연수이므로 $2^{n-1} > 1$임은 자명하다. 따라서 $\zeta(2)$ 이상은 명백히 수렴한다는 사실을 확인할 수 있는 것이다. 그렇다면 $\zeta(2)$가 수렴하는 값은?

이 값을 구하는 것은 상당히 어려워서 그 유명한 수학자인 라이프니츠도, 야코프 베르누이도 모두 실패할 정도였다. 두 손 두 발 든 야코프 베르누이와 요한 베르누이는 스위스 바젤대학에 재직하던 시절 이 문제를 공식적으로 알렸다. **바젤문제**로 알려진 이 문제는 분명 해석학을 연구하는 수학자들에게는 재앙과 같은 문제였다. 이때 요한 베르누이의 제자 중 너무도 총명하여 후에 위대한 수학자가 된 오일러가 놀라운 발상으로 마침내 이 문제를 해결할 수 있었다. 그 값은? $\frac{\pi^2}{6}$ 이다. 갑자기 원주율 파이(π)가 튀어나와 생뚱맞긴 하다. 오일러는 어떤 독창적인 방법으로 해결했을까? 아마 종관이라면 상당히 호기심 있게 바라보지 않을까? 그리고 $\zeta(3), \zeta(4), \cdots$ 등도 궁금해하지 않을까?

4.1 ☆☆

"$a+b+c=n$을 만족하는 음이 아닌 정수해의 개수"를 구하는 문제는 "n개의 바둑돌과 칸막이 2개를 일렬로 나열하는 경우의 수"로 전환하여 $_{n+2}C_2$가 됨을 익히 알고 있다. 아래의 문제들은 각각 사례가 다르지만 모두 이처럼 바둑돌과 칸막이 문제로 환원하여 풀어낼 수 있다.

(1) 방정식 $a+b+c=19$를 만족하는 자연수 해의 개수를 구하라.

(2) 방정식 $a+b+c+d=20$을 만족하는 양의 홀수해의 개수를 구하라.

(3) 부등식 $0 \leq a+b+c \leq 10$을 만족하는 음이 아닌 정수해의 개수를 구하라.

4.2 ☆☆

책꽂이에 11권의 책이 나란히 꽂혀 있다. 그림처럼 서로 인접한 두 권의 책이 선택되지 않도록 4권을 선택하는 방법의 수를 구하라.

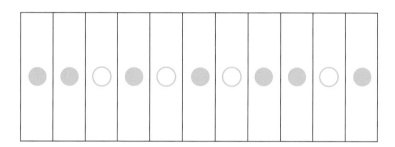

(1) 아래의 식이 성립함을 보여라.

$$_nC_0 + {}_nC_1 + {}_nC_2 + \cdots + {}_nC_n = 2^n$$

(2) 자연수 2는 2, 1+1로 분할이 가능하다. 또한 자연수 3은 3, 2+1, 1+2, 1+1+1과 같이 순서를 고려한 자연수의 합으로 분할할 수 있는 방법이 4가지가 있다. 임의의 자연수 n을 위와 같이 순서를 고려한 자연수의 합으로 표현할 수 있는 방법의 수를 구하라.

☆

1부터 100까지의 자연수에서 2, 3 혹은 5 어느 수로도 나눠지지 않는 수의 개수를 구하라.

음식의 질은 준비된 식재료를 어떻게 조합하느냐에 따라 달라진다. 뛰어난 요리사는 음식의 조합에 따라 어떤 맛이 날 것인가를 상상하고 느끼며 각각의 재료의 진정한 맛을 우려내는 방법을 찾는다. 마찬가지로 수학 지식을 많이 쌓는 것도 중요하지만, 그 각각의 의미를 제대로 알고 적절히 조합해서 지혜로 발휘하는 것이 진정한 창조의 길이다.

5장

지식을 꿰어
지혜로

01
등비수열

지민이 학원에 가서 혼자 집에 있게 된 종관은 공허한 상태였다. 요새 거의 매일 둘이 붙어서 수학 문제를 풀며 지내다가 혼자 있으려니 영 기분이 이상한 것이었다. 집에서 홀로 행운의 카드 문제를 풀어볼까 했지만, 잠시 문제에서 벗어나 기분전환 요량으로 서점을 찾았다.

편안하게 읽을 수 있는 소설책을 살펴볼 생각이었는데 그의 발길은 자연스레 수학 코너로 향했다. 마치 수학이라는 그물망에 갇혀 있는 것 같았다. 종관은 눈에 띄는 수학책 한 권을 골라 수열에 대한 내용을 살펴보았다.

'등비수열? 등차수열은 지민이랑 하면서 많이 봤는데 이런 수열도 있었구나. 진짜 아는 게 별로 없네. 어려운 개념은 아니야. 항상 같은 수로 곱해지거나 나눠지는 수열을 뜻한단 말이군.'

종관은 2로 곱해져 나가는 등비수열의 예를 책에서 살펴보았다.

$$1, 2, 4, 8, 16, \cdots \tag{5.1.1}$$

이 수열 밑에는 '등비수열의 합'이라는 소제목이 붙어 있었다. 분명 책장을 한 장 넘기면 등비수열의 합을 구하는 방법이 소개될 것이다. 그러나 종관은 가만히 책을 덮고 자신이라면 어떻게 이 수열의 합을 구할 것인지 생각해보았다.

'등차수열에서의 합은 수의 규칙성을 이용해서 구했어. 마찬가지로 등비수열의 합도 패턴에서 힌트를 찾아내 구해야 될 거야.'

종관은 (5.1.1)의 등비수열에서 총 10개의 항을 구하는 것을 생각해보았다.

$$1+2+2^2+\cdots+2^9$$

해결책이 잘 떠오르지를 않자 가끔 무식한 계산에서 패턴을 찾은 경험이 있어 직접 더해보기로 했다. 먼저 두 개의 항 1과 2를 더해 3, 이번에는 세 개의 항까지를 더하니 7, 네 개의 항까지는 15, 차례대로 31, 63, 123, 255 등이 되는 것을 본 종관은 이들의 수가 다음과 같은 관계가 있음을 쉽게 파악했다.

$$
\begin{aligned}
1+2 &= 3 = 2^2-1, \\
1+2+2^2 &= 7 = 2^3-1, \\
1+2+2^2+2^3 &= 15 = 2^4-1, \\
&\vdots
\end{aligned}
$$

'옳거니, 그러면 총 10개의 항까지의 합은 $2^{10}-1=1023$이 되겠구나. 쉽네. 하나만 더 해볼까? 3을 곱해나가는 등비수열 $1+3+3^2+\cdots+3^9$의 10항까지의 합은 $3^{10}-1$이 되지 않을까?' 패턴을 찾아 유추하는 능력이 더욱 자연스러워진 것이다.

'그러면 두 항의 합은 $3^2-1=8$이 될 거야. 어? 처음 두 항은 1과 3이라서 더하면 4가 나와야 하는데? 너무 단순하게 생각했나?'

	실제의 계산		종관의 계산
2항까지의 합	$1+3$	$\neq$	3^2-1
10항까지의 합	$1+3+3^2+\cdots+3^9$	$\neq$	$3^{10}-1$

'젠장, 아니네. 2의 거듭제곱의 합에서는 $2^{10}-1$이라서, 3의 거듭제곱의 합도 $3^{10}-1$이 될 줄 알았는데……. 그래도 이 모양이 크게 바뀌지는 않고 약간의 변화만 있을 거야. 실제로 2항까지의 합은 $4(=1+3)$이고 $3^2-1=8$인 점을 미루어본다면 2로 나누어야 하지 않을까?'

네 개의 항, 다섯 개의 항까지 확인한 종관은 이 추론이 정확함을 확인할 수 있었다.

$$1+3=\frac{3^2-1}{2}$$
$$1+3+3^2=\frac{3^3-1}{2}$$
$$1+3+3^2+3^3=\frac{3^4-1}{2}$$
$$\vdots$$
$$1+3+3^2+\cdots+3^9=\frac{3^{10}-1}{2}$$

이 경우는 왜 2를 나눠주는 것일까? 하나의 예를 더 풀어보면 어떤 규칙이 있는지 찾을 수 있다고 여겨져 이번에는 순서에 따라 $1+4+4^2+\cdots+4^9$의 합을 확인했다. 지금까지의 추세대로라면 $4^{10}-1$에서 어떤 수로 나누면 될 것이었다. 2항까지의 합을 보니 $1+4=5$가 나와야 하지만 $4^2-1=15$로 미루어 3으로 나눠야 정확한 값을 얻어낼 수 있다.

'그래, 알았다.'

이후 종관은 몇 가지를 더 검토해본 결과 자신의 추론이 정당하다는 것을 확인했다. 즉 다음과 같은 결론을 얻어낸 것이다.

$$1 + n + n^2 + \cdots + n^9 = \frac{n^{10} - 1}{n - 1} \qquad \text{(5.1.2)}$$

그렇다면 어떤 등비수열이건 이 방법을 통해 구할 수 있다는 것이 아닌가! 흡족한 마음으로 종관은 다음 장을 펼쳤다.

'아, 이렇게 구하는구나.' 종관은 허탈했다. 책에는 더욱 간단한 방법이 소개되어 있었기 때문이다. 그러나 크게 실망할 일도 아니었다. 그의 추론이 복잡하긴 해도 사고 전개가 타당하고 잘못된 점이 없었기 때문이다. 종관은 그 책을 구입해 집에 돌아와 수열과 조합 문제를 풀어보았다.

다음 날 지민과 종관은 방과 후에 구립도서관에서 공부하기로 약속했다. 분위기를 바꾸면 생각도 달라질까 싶어 고심해서 정한 장소였다. 요새 두 사람은 세상이 다르게 보였다. 주변의 사물, 나무, 모든 것을 수학으로 설명할 수 있을까 하는 궁금증도 생겼다. 그리고 오늘은 행운의 카드 문제를 마무리 지을 수 있을 것 같은 기대감도 있었다. 둘은 과자와 음료를 챙겨서 시민에게 개방하는 도서관 회의실에 자리 잡고 다시 열띤 토론을 할 준비를 갖췄다.

남아 있는 것은 행운의 카드 수가 6장일 때뿐만 아니라 8장, 10장 등 그 이상의 경우에 대해서도 쉽게 구할 수 있는 일반적인 해법을 찾아내는 것이다. 8장의 행운의 카드 수는 앞의 네 자릿수의 합에 대한 경우의 수를 구하는 것이 될 것이므로 $(1 + x + x^2 + \cdots + x^9)^4$, 10장일 때에는

$(1+x+x^2+\cdots+x^9)^5$에서 전개식을 이용하여 해결해야 될 것이다. 아직 해결되지 않은 문제는, 각 항의 계수를 알아내는 방법은 알고 있지만 일일이 구해야 하는 번거로움이 있을뿐더러 그 수들을 모두 제곱해서 더해야 하는 점이다. 이 과정을 거치지 않고 한 번의 계산으로 원하는 답을 이끌어낼 수 있는 방법을 찾아내야 한다.

하지만 상황은 원하는 방향대로 풀리지 않았다. 둘은 전혀 감을 잡지 못한 채 안개 속을 헤매고 있었다. 난항이었다. 시간은 흘러갔지만 더 이상 진전이 되지 않았다.

문득 종관은 아래의 식을 적어보았다.

$$(1+x+\cdots+x^9)^3 = \left(\frac{1-x^{10}}{1-x}\right)^3 \qquad \text{(5.1.3)}$$

"어? 이건 등비수열의 합인데, 왜 적었어?"

"아, 어제 책에서 등비수열을 알게 됐거든. 그런데 괄호 안의 식이 등비수열이라 한번 식을 변형해서 생각해보려고 적어본 것뿐이야. 큰 의미는 없어."

지민도 혹시나 해서 같은 식을 자신의 연습장에 적어보았다. 그렇다고 달라질 것은 없었다. 아무리 머리를 굴려도 실마리는 보이지 않았다.

등비수열

등비수열(等比數列, geometric sequence)은 각 항이 그 앞의 항과 일정한 비를 가지는 수열을 말한다. 이때 일정한 비를 **공비**(共比)라고 한다. 예를 들면 다음과 같은 수열이다.

$$1, \, 2, \, 2^2, \, 2^3, \, \cdots$$

위의 수열은 첫항이 1이고 공비가 2인 등비수열이다. 일반적으로 초항이 a, 공비가 r인 등비수열은 다음과 같이 표현된다.

$$a, \, ar, \, ar^2, \, ar^3, \, \cdots$$

따라서 등비수열의 일반항은 $a_n = ar^{n-1}$이다. 또한 n항까지의 합 S_n은 다음과 같이 구해진다.

$$S_n = a + ar + ar^2 + \cdots + ar^{n-1}$$
$$rS_n = ar + ar^2 + ar^3 + \cdots + ar^n$$

위의 두 식을 변변 빼주면

$$(1-r)S_n = a - ar^n$$
$$\therefore \quad S_n = \frac{a(1-r^n)}{1-r} \ (\text{단}, r \neq 1) \tag{5.1.4}$$

204

02
또 다른 힌트

방학이 되고도 며칠이 지났다. 초등학생이나 중학생에게는 방학이 의미 있겠지만 고등학생인 종관에게는 와 닿지 않았다. 더군다나 고모부가 내 준 문제는 일주일이 넘도록 제자리걸음이었다. 종관은 마치 뗏목을 타고 바다를 건너려는 무모함처럼 자신의 능력으로 이 문제를 해결하는 것이 불가능하다고 느끼기 시작했다. 지민의 열정도 한풀 꺾여 보였다. 뭔가 계기가 필요했다.

"웬일이니? 안 하던 공부를 하고?"

전혀 인기척을 느끼지 못했는데 뒤를 보니 고모가 와 계셨다.

"아, 고모부가 내준 문제 풀고 있었어요."

"그래? 어떤 문제길래 그동안 안 하던 공부를 하게 만들었을까?"

"얘기해드려요?"

"야, 됐거든. 공부나 계속 하셔."

고모는 손사래를 치더니 방에서 나갔다. 그러고 보니 종관이 지금처럼 치열하게 공부한 적이 없었다. 이 한 문제를 풀기 위해 부족한 지식을 메우려고 서점에서 참고서적까지 사와서 책을 뜯어먹을 기세로 공부를 해왔으니. 정말 이 문제에 어떤 마법이라도 있는 것일까? 아니면 새로운 지식을 알아가는 맛을 제대로 느끼고 있는 것일까?

그러나 계속된 노력에도 불구하고 더 이상의 진전은 없었다. 어쩔 수 없었다. 종관은 다시 한 번 고모부에게 도움의 손길을 뻗치기로 했다.

"고모, 고모부도 오늘 우리 집에 오세요?"

"아니, 출장 가셨어."

출장이라니? 종관은 지금 도움을 받지 못하면 미칠 것만 같았다. 곧바로 고모부에게 전화를 걸었다.

"어? 종관이구나."

수화기에서 들려오는 고모부의 목소리가 왜 이렇게 반가운지 모르겠다. 종관은 한 가지라도 도움을 더 얻으려고 지금 처한 상황에 대해 자세히 설명했다.

"그래, 고생했구나. 요새 너 때문에 내가 계속 놀라는데? 지민이랑 네가 장족의 발전을 거듭하고 있어. 너에게 연락이 올 때가 됐다고 생각하긴 했어. 사실 지난번에 준 힌트만으로 행운의 카드 문제의 일반적인 해법을 찾는 건 어려운 일이거든. 그렇다고 전혀 새로운 내용이 필요하진 않고 지금까지 너희들이 얻은 지식만으로 충분해. 이제 알고 있는 지식을 지혜로 발휘해야 하는데 그게 쉬운 일은 아니지.

전화상이지만 내가 추가 힌트를 줄 테니까 둘이서 다시 고민해봐. 지금까지의 과정으로 봐서는 하루 혹은 이틀 내에 답이 나오지 않을까 싶네."

"예." 고모부의 말에 희망이 생기면서 종관의 목소리에 힘이 넘쳤다.

"다음의 식들을 전개하다 보면 무엇인가 떠오르는 것이 있을 거야. 이
것이 첫 번째 힌트."

$$\begin{cases} (1+ax)\left(1+\dfrac{a}{x}\right), \\ (1+ax+bx^2)\left(1+\dfrac{a}{x}+\dfrac{b}{x^2}\right) \end{cases}$$

(5.2.1)

"그다음은 $1+x+x^2+\cdots$으로 무한히 진행되는 식의 합은 $1/(1-x)$가
될 것이잖아.(단, $-1<x<1$) 이게 두 번째 힌트야."

$$1+x+x^2+\cdots=\frac{1}{1-x}$$

(5.2.2)

고모부와의 통화로 두 가지 힌트를 더 얻은 종관은 뛸 듯이 기뻤다. 아
직은 뜬구름처럼 모호한 힌트이지만. 바로 지민에게 전화를 걸었다. 이 소
식은 잠자고 있던 지민의 열정도 다시 깨우게 하기에 충분했다.

바로 커피숍에서 만난 두 친구. 둘은 머리를 맞대고 드디어 마지막 난
관을 극복하기 위한 여정에 돌입하기 시작했다.

지민은 경험상 첫 번째 힌트로 준 식을 전개해보면 패턴을 찾을 수 있
을 것 같았다.

$$(1+ax)\left(1+\frac{a}{x}\right)=1+a^2+ax+\frac{a}{x},$$

$$(1+ax+bx^2)\left(1+\frac{a}{x}+\frac{b}{x^2}\right)=1+a^2+b^2+\frac{a+ab}{x}+(a+ab)x+\frac{b}{x^2}+bx^2$$

전개하는 과정이 귀찮기는 하지만 지민은 차분히 계산을 했다.

'왜 박사님이 이 식들을 전개하라고 했을까? 이 추세로 보면 다음 식의

주어진 다항식은 유한인 양의 지수 x^k과 유한인 음의 지수 x^{-k}을 모두 포함하고 있다.
이와 같은 다항식을 로랑(Laurent) 다항식이라 한다.

전개도 생각해야 되지 않을까?'

$$(1+ax+bx^2+cx^3)\left(1+\frac{a}{x}+\frac{b}{x^2}+\frac{c}{x^3}\right)$$ (5.2.3)

'휴우, 이 전개는 하지 말자. 꽤나 복잡해지겠어. 그래도 상수항은 바로 알 수 있겠네!??'

갑자기 지민의 뇌가 활기차게 움직이기 시작했다. 다른 항은 몰라도 상수항은 어떤 패턴이 있음을 감지하면서 떠오르는 무엇을 잡아채는 데 성공했다. 지민은 생각을 정리해보았다.

"종관아, 첫 번째 힌트를 주신 이유를 알겠어." 지민의 목소리가 떨렸다.

"어? 그래?"

"응, 내가 전개한 위의 식들을 봐. 전개된 항은 복잡하지만 최소한 상수항은 일정한 패턴을 지니고 있어. 뭔지 금세 알 수 있지?"

종관도 상수항의 패턴을 보고 규칙성을 쉽게 알 수 있었다.

$(1+ax)\left(1+\frac{a}{x}\right)$의 상수항은 $1+a^2$

$(1+ax+bx^2)\left(1+\frac{a}{x}+\frac{b}{x^2}\right)$의 상수항은 $1+a^2+b^2$

$(1+ax+bx^2+cx^3)\left(1+\frac{a}{x}+\frac{b}{x^2}+\frac{c}{x^3}\right)$의 상수항은 $1+a^2+b^2+c^2$

표 5.2.4

"지금껏 각각의 계수들을 일일이 구해서 제곱해 더해야 하는 피곤한 상황을 피하기 위해 고심했잖아. 그런데 이 힌트가 계수의 제곱을 더해서 일거에 해결할 수 있는 방법을 얘기하고 있는 것 같아."

지민이 계속 자신의 생각을 펼쳐나갔다.

"$(1+x+x^2+\cdots+x^9)^3$을 전개한 식의 계수들을 다음과 같이 놓겠어.

$$P(x)=(1+x+x^2+\cdots+x^9)^3=a_0+a_1x+a_2x^2+\cdots+a_{26}x^{26}+a_{27}x^{27}$$

이미 $a_0=1$, $a_1=3$ 등등 각 항의 계수는 계산했지만 편의상 이렇게 문자로 바꿔놓고 전개된 식을 $P(x)$로 표현한 것뿐이야. 이번에는 x 대신 $\frac{1}{x}$로 바꿔준 식 $P\left(\frac{1}{x}\right)$은 다음과 같이 될 것임은 자명하겠지.

$$P\left(\frac{1}{x}\right)=\left(1+\frac{1}{x}+\frac{1}{x^2}+\cdots+\frac{1}{x^9}\right)^3=a_0+\frac{a_1}{x}+\frac{a_2}{x^2}+\cdots+\frac{a_{27}}{x^{27}}$$

이제 두 식 $P(x)$와 $P\left(\frac{1}{x}\right)$을 곱한 다항식에서 상수항은 어떤 꼴일까? 〈표 5.2.4〉와 같은 추세이므로 다음과 같이 된다는 건 충분히 생각해낼 수 있어.

$$P(x)P\left(\frac{1}{x}\right)\text{의 상수항은 } a_0{}^2+a_1{}^2+a_2{}^2+\cdots+a_{26}{}^2+a_{27}{}^2 \qquad \text{(5.2.5)}$$

바로 구하는 행운의 카드의 수야."

무한등비급수

급수(級數)란 수학에서 수열 $a_1, a_2, a_3, \cdots$들의 각 항의 합을 의미한다. 항의 수가 n개로 유한할 경우 n항까지의 합을 **유한급수**라 한다.

$$S_n=a_1+a_2+\cdots+a_n$$

무한급수는 앞의 S_n, 즉 급수의 부분합으로 이루어지는 수열의 극한값으로 생각한다. n이 무한대로 갈 때 그 극한이 유한한 값을 갖는다면 이 급수가 수렴한다고 한다. 만약 이 값이 무한하거나 존재하지 않는다면, 이 급수는 발산한다고 말한다.

특히 **무한등비급수**는 등비수열 $a_n = ar^{n-1}$의 각 항을 무한히 더한 합을 뜻한다. 즉, 등비수열의 부분합 S_n(식 5.1.4)에서 n을 무한대로 확장할 때 S_n이 취하는 값으로 다음과 같다.

$$S = \begin{cases} \dfrac{a}{1-r} & (|r|<1) \\ \pm\infty \ \ (발산) & (r \geqq 1) \end{cases}$$

한편 $r=-1$ 혹은 $r<-1$일 때에는 진동˙으로 합의 값을 갖지 못한다. 따라서 **공비 r의 절대치가 1보다 작을 때에만 수렴값**을 가질 수 있다.

■　　　$r=-1$일 때 수열은 $a,\ -a,\ a,\ -a,\ \cdots$으로 진행되며 이 경우 진동이라 한다. 이 수열의 합은 발산하지는 않지만 a와 0의 값을 반복적으로 취하게 되어 값이 존재하지 않는다고 한다.

지식이 지혜로 영글다!

$P(x) \times P\left(\frac{1}{x}\right)$에서 일일이 모든 항을 구하지 않고 상수항만 걸러내기만 하면 된다. 둘은 고지가 서서히 다가옴을 직감했다. 직감적으로 종관은 지민이 얻어낸 결과에서 아래와 같이 식을 정리하면 혹시 두 번째 힌트를 사용할 수 있게 되지 않을까 하고 예상했다.

$$P(x) = (1+x+x^2+\cdots+x^9)^3 = \left(\frac{1-x^{10}}{1-x}\right)^3$$

$$P\left(\frac{1}{x}\right) = \left(1+\frac{1}{x}+\frac{1}{x^2}+\cdots+\frac{1}{x^9}\right)^3 = \left(\frac{1-x^{-10}}{1-x^{-1}}\right)^3$$

위의 두 식을 곱하였다. 복잡하게 보이지만 어려운 계산은 아니다.

$$P_3(x) \times P_3\left(\frac{1}{x}\right) = \left(\frac{1-x^{10}}{1-x} \cdot \frac{1-\frac{1}{x^{10}}}{1-\frac{1}{x}}\right)^3 = \left\{\frac{1-x^{10}}{1-x} \cdot \frac{\frac{x^{10}-1}{x^{10}}}{\frac{x-1}{x}}\right\}^3$$

$$= \left(\frac{1-x^{10}}{1-x} \cdot \frac{1}{x^9} \cdot \frac{1-x^{10}}{1-x}\right)^3$$

$$\therefore \ P_3(x) \times P_3\left(\frac{1}{x}\right) = \frac{1}{x^{27}}\left(\frac{1-x^{10}}{1-x}\right)^6 \tag{5.3.1}$$

깔끔하게 표현되었지만 아직까지도 난해한 수식이다. 이제 앞의 수식에서 상수항만을 뽑아내면 그토록 찾아 헤매던 행운의 카드의 개수이다. 〈식 5.3.1〉의 괄호 밖에 위치한 x^{27}이 분모에 존재하고 있다. 그렇다면 괄호 안의 수식을 6제곱한 식에서 x^{27}의 계수를 얻어내면 풀린다는 것이었다.

괄호 안의 수식에서 분자인 $(1-x^{10})$을 6제곱하는 것은 이항정리(〈식 3.4.4〉 참조)를 이용하는 것이므로 어렵지 않다. 문제는 분수의 꼴로 분모에 위치하고 있는 $1/(1-x)$의 처리를 어떻게 하느냐이다.

종관은 고모부가 주신 두 번째 힌트인 〈식 5.2.2〉를 떠올리며 식을 다음과 같이 변형했다.

$$\therefore \mathrm{P}_3(x) \times \mathrm{P}_3\left(\frac{1}{x}\right) = \frac{(1-x^{10})^6}{x^{27}}(1+x+x^2+x^3+\cdots)^6 \qquad (5.3.2)$$

그러나 이 식의 전개는 엄두가 나지 않을 정도로 복잡했다. 무한히 진행되는 식을 6제곱 한다는 것은 누구라도 쉬운 일이 아닐 테니까. 〈식 5.3.2〉에서 상수항만을 걸러내는 체는 존재하는 것일까? 존재한다면 두 친구는 과연 찾아낼 수 있을까?

종관의 머릿속에 떠오르는 것이 있었다.

"지민아, 우리가 얼마 전에 $(1+x+x^2+\cdots+x^9)^3$에서 전개되어 나올 항의 계수를 구한 거, 기억나지? x^n의 계수는 세 수의 합으로 n을 만드는 경우의 수였잖아. 단지 이 세 수가 0에서 9까지의 정수라는 제한조건이 있었어."

종관이 말하자 지민은 잠시 기억을 더듬으면서 답했다.

"그래, n이 10 이상에서는 배제되는 조건을 고려해야 했어."

"만약 $(1+x+x^2+\cdots+x^{99}+x^{100})^3$에서는 어떻게 될까?"

"그야 각 수의 제한조건이 0에서 100까지가 되겠지."

"그러면 $(1+x+x^2+\cdots)^3$으로 x의 항이 무한할 때에는?"

"……."

둘이 척척 손발을 맞추면서 얘기를 나누는 것이 마치 과거 선비들이 시를 지어 서로 얘기하는 것 같았다. 잠시 지민이 화답을 하지 못하더니, 바로 큰 목소리로 말했다.

"이 경우는 제한조건이 존재하지 않아!"

"당연해!"

두 사람은 서로 얼굴을 보며 파안대소했다. 문제의 해법을 얻었을 뿐아니라 방금 둘이서 마주앉아 주고받은 광경을 생각하니 웃음이 나왔기 때문이다. 다시 정신을 가다듬고 4.2절에서 얻었던 생성함수의 지식을 떠올리며 생각을 정리하기 시작했다.

9차항까지의 다항식은 0에서 9까지의 수만 가능하다는 제한조건이 붙어 있었다. 그러나 눈앞에 놓인 다항식은 무한의 차수 항을 전개한다는점이 다르고, 따라서 각 자리의 수가 10 이상이 되어서는 안 된다는 조건, 즉 상자에 넣는 바둑돌의 수가 10개가 넘지 말아야 하는 제한조건이 붙지않는다. 제한이 풀렸으므로 하나의 규칙으로 모든 것이 움직이게 될 것이다. 즉, $(1+x+x^2+\cdots)^6$**의 전개식에서 x^n의 계수는 n개의 바둑돌과 5개의 칸막이를 일렬로 나열하는 경우의 수와 동치가 되는 것이다.**

$$x^n\text{의 계수는 } {}_{n+5}C_5$$

일 것이다. 정리하면 다음과 같다.

$$\therefore \quad (1+x+x^2+\cdots)^6 = \sum_{n=0}^{\infty} {}_{5+n}C_5 x^n$$
$$= {}_5C_5 + {}_6C_5 x + {}_7C_5 x^2 + \cdots$$
$$= 1 + 6x + 21x^2 + \cdots \qquad \text{(5.3.3)}$$

보기에는 굉장히 복잡한 수식인 것처럼 보이지만 지금까지의 정보를 적절하게 꿰맞춰서 두 사람은 드디어 원하던 답을 손 안에 넣었다.

$1/(1-x)^n$의 생성함수

이미 본문에서 종관과 지민이 얻어낸 결과로 충분히 알 수 있다. $1/(1-x)^n$의 전개식에서 x^k의 계수는

n개의 방에 k개의 바둑돌을 놓는 경우의 수

혹은

$(n-1)$개의 칸막이와 k개의 바둑돌을 일렬로 놓는 경우의 수

⬇

$${}_{n-1+k}C_{n-1} = {}_{n-1+k}C_k$$

따라서 다음과 같이 정리된다.

$$\frac{1}{(1-x)^n} = (1+x+x^2+\cdots)^n$$
$$= {}_{n-1}C_{n-1} + {}_nC_{n-1} x + {}_{n+1}C_{n-1} x^2 + \cdots$$
$$= \sum_{k=0}^{\infty} {}_{n-1+k}C_{n-1} x^k \qquad \text{(5.3.4)}$$

행운의 카드 계산의 일반화

⟨식 5.3.2⟩로 돌아가서 원래의 목적이 무엇이었는지 생각해보자. 분모의 x^{27}을 제외한 아래 식에서 x^{27}의 계수를 구하는 것이었다.

$$\left(\frac{1-x^{10}}{1-x}\right)^6 = (1-x^{10})^6(1+x+x^2+\cdots)^6 \qquad (5.4.1)$$

두 사람의 열띤 분위기로 보아 위의 식에서 x^{27}의 계수만을 뽑아내는 체를 만들어내는 것은 이제 시간문제인 듯했다. 팽팽한 긴장감도 느껴졌다.

"지민, 이 문제도 단순화시켜서 접근하는 것이 효과적이지 않을까?"

"그래, 6제곱 대신 다음의 두 식에서 x^{27}의 계수를 각각 구하자고."

$$\left(\frac{1-x^{10}}{1-x}\right),\ \left(\frac{1-x^{10}}{1-x}\right)^2$$

"하하하, 동감." 어느새 둘은 의기투합이 잘되고 있었다.

두 사람은 문제의 종착역에 빠르게 접근해가고 있었다.

"종관아, x^{27}의 계수만 구하는 것이 목적이라고 보면 다음의 ⟨식 5.4.2⟩

처럼 x^{27}이 나오는 경우는 ①과 ②의 경우밖에 없네?"

$$\left(\frac{1-x^{10}}{1-x}\right) = (1-x^{10}) \times (1+x+x^2+\cdots+x^{17}+\cdots+x^{27}+\cdots)$$

(5.4.2)

"그러게, 나머지 항은 전개해봐야 x^{27}과는 무관하니까 고려할 가치가 없어. 내가 x^{27}의 계수를 구해볼게."

$$① + ② = 1 \times x^{27} + (-x^{10}) \times x^{17} = 0$$

둘은 서로 눈빛을 주고받았다. 그 마주침의 의미는 이제 행운의 카드 문제를 해결했다는 두 사람의 같은 마음을 주고받은 것이었다. 제곱의 경우도 아래와 같이 구하였다.

$$\left(\frac{1-x^{10}}{1-x}\right)^2 = \underbrace{(1-x^{10})^2}_{Ⓐ} \times \underbrace{\frac{1}{(1-x)^2}}_{Ⓑ}$$

(5.4.3)

Ⓐ ; $(1-x^{10})^2 = 1 - 2x^{10} + x^{20}$

Ⓑ ; $\dfrac{1}{(1-x)^2} = (1+x+x^2+\cdots)^2 = \displaystyle\sum_{n=0}^{\infty} {}_{n+1}\mathrm{C}_1 x^n$ (〈식 5.3.4〉 참조)

종관은 위와 같이 Ⓐ, Ⓑ로 나눈 후 x^{27}이 나올 수 있는 경우를 살펴보았다.

$$Ⓐ의\ 1 \quad \times\ Ⓑ의\ {}_{27+1}\mathrm{C}_1 x^{27} \ = 28x^{27} \qquad \cdots ①$$

$$Ⓐ의\ {-2x^{10}} \times\ Ⓑ의\ {}_{17+1}\mathrm{C}_1 x^{17} \ = -36x^{27} \qquad \cdots ②$$

$$Ⓐ의\ x^{20} \quad \times\ Ⓑ의\ {}_{7+1}\mathrm{C}_1 x^7 \ = 8x^{27} \qquad \cdots ③$$

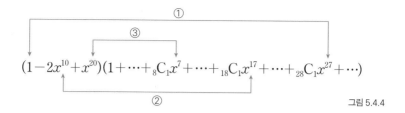

$$(1-2x^{10}+x^{20})(1+\cdots+{}_8C_1x^7+\cdots+{}_{18}C_1x^{17}+\cdots+{}_{28}C_1x^{27}+\cdots)$$

그림 5.4.4

이처럼 3가지가 가능하고 이들의 수를 모두 더한 0이 x^{27}의 계수가 될수 있음을 알게 되었다. 이제는 원래의 목적에 적용할 차례다. 두 사람이 행한 계산을 살펴보자.

$$\left(\frac{1-x^{10}}{1-x}\right)^6 = \underbrace{(1-x^{10})^6}_{\text{Ⓐ}} \times \underbrace{\frac{1}{(1-x)^6}}_{\text{Ⓑ}}$$

밑줄 친 Ⓐ와 Ⓑ는 각각 따로 전개가 되므로 서로 독립적인 셈이다. 이두 식을 각각 전개해서 나온 값을 곱하여 x^{27}의 계수를 찾아내는 것이다. Ⓐ식은 상수항 1과 $x^{10}, x^{20}, x^{30}, x^{40}, x^{50}, x^{60}$의 항을 가진다. 그런데 x^{27}의 계수만을 고려한다는 점에서는 Ⓐ식뿐만 아니라 Ⓑ식에서도 x^{28} 이상은 의미가 없는 부분이다. 따라서 〈표 5.4.5〉의 세 개의 계산된 값을 더한 값이 x^{27}의 계수가 된다.

① ··· Ⓐ식의 상수 × Ⓑ식의 x^{27}의 계수

② ··· Ⓐ식의 x^{10}의 계수 × Ⓑ식의 x^{17}의 계수

③ ··· Ⓐ식의 x^{20}의 계수 × Ⓑ식의 x^{7}의 계수

표 5.4.5

한편 Ⓐ식은 이항정리에 의해 다음과 같다.

$$(1-x^{10})^6 = \sum_{i=0}^{6} {}_6C_i(-x^{10})^i = \sum_{i=0}^{6} (-1)^i {}_6C_i x^{10i}$$

상수항은 $i=0$일 때 $\qquad {}_6C_0=1,$

x^{10}의 계수는 $i=1$일 때 $\qquad (-1)^1 {}_6C_1=-6,$

x^{20}의 계수는 $i=2$일 때 $\qquad (-1)^2 {}_6C_2=15$

이다. ⑧식의 전개된 수식은 〈식 5.3.4〉에 의해

x^{27}의 계수는 $n=27$일 때이므로 $\qquad {}_{32}C_5=201376$

x^{17}의 계수는 $n=17$일 때이므로 $\qquad {}_{22}C_5=26334$

x^7의 계수는 $n=7$일 때이므로 $\qquad {}_{12}C_5=792$

이제 이들의 수를 〈표 5.4.5〉와 같이 각각 곱해 더하면 된다.

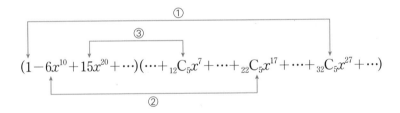

$$1\times201376+(-6)\times26334+15\times792=55252$$

둘은 아무 말이 없었다. 이심전심이었다. 이 값은 지민이 구한 〈식 4.2.5〉의 결과와 정확히 일치하고 있었다. 강렬한 전율이 온몸에 전해졌다. 처음에 모든 경우의 수를 구해 제곱해서 구한 것과 비교하면 말할 수 없을 정도로 산뜻하고 아름다웠다. 수학의 매력을 절실히 느끼는 순간이었다. 이 방법이라면 8자리뿐만 아니라 10자리 행운의 카드 수도 쉽게 구할 수 있었다.

8자리 행운의 카드 수를 구하는 과정은 다음과 같다. 독자 여러분도 직접 계산한 후 확인해보았으면 한다.

8자리 행운의 카드의 수는 $P_4(x) \times P_4\left(\frac{1}{x}\right)$의 상수항이다.

$$
\begin{aligned}
P_4(x) \times P_4\left(\frac{1}{x}\right) &= \left(\frac{1-x^{10}}{1-x}\right)^4 \times \left(\frac{1-\frac{1}{x^{10}}}{1-\frac{1}{x}}\right)^4 \\
&= \left(\frac{1-x^{10}}{1-x}\right)^4 \times \frac{1}{x^{36}}\left(\frac{1-x^{10}}{1-x}\right)^4 \\
&= \frac{1}{x^{36}}\left(\frac{1-x^{10}}{1-x}\right)^8
\end{aligned}
$$

결론적으로 괄호 안의 x^{36}의 계수가 곧 행운의 카드의 수이다.

$$
(1-x^{10})^8 = {}_8C_0 - {}_8C_1 x^{10} + {}_8C_2 x^{20} - {}_8C_3 x^{30} + \cdots
$$

$$
\frac{1}{(1-x)^8} = \sum_{k=0}^{\infty} {}_{k+7}C_7 x^8
$$

따라서 x^{36}의 계수는

$$
{}_8C_0 \cdot {}_{36+7}C_7 - {}_8C_1 \cdot {}_{26+7}C_7 + {}_8C_2 \cdot {}_{16+7}C_7 - {}_8C_3 \cdot {}_{6+7}C_7 = 4816030
$$

05
생각하는 수학

"이런 날이 오다니! 믿기지가 않아. 박사님이 주신 몇 가지 힌트를 이용해 해결하기는 했지만 우리 힘으로 이 행운의 카드 문제를 끝까지 풀었잖아."

"그래, 지민아. 나도 너무 놀라워. 며칠 전에 수학책을 사서 문제를 풀었을 때 기분이 이상했어. 누군가의 가르침 없이 오직 이 문제를 풀면서 얻은 지식과 지혜만으로 문제집에 있는 수열과 조합 문제가 풀리더라고. 그때 느낌이 뭐랄까, 황홀 그 자체였어. 그런데 몇 차원이나 더 어려운 행운의 카드 문제를 우리가 해결했다는 게 나도 신기해."

"간단한 수학적 지식 여러 개가 복합적으로 섞여 있어서 이 문제가 어려웠던 거지, 여기에 사용된 건 그렇게 대단한 수학적 도구가 아니었어. 필요했던 건 지혜였어. **가진 지식을 어떻게 엮어서 보석으로 만들어낼 수 있느냐가 관건이었던 것이지.**"

지민의 얘기가 끝나자 종관은 핸드폰을 들고 어디론가 전화를 걸었다. 물론 수신인은 박사였다.

"고모부, 저희 둘이 행운의 카드 문제를 해결했어요. 이번에는 분명 고모부가 원하시던 방법일 거예요. 그 방법으로 8자리 행운의 카드 수도 쉽게 구했거든요."

종관은 흥분된 어조로 통화를 마쳤다. 지민이 물었다.

"박사님이 우리 방법이 맞았다고 하셔?"

"전화로 방법까지 얘기할 시간은 없었잖아." 종관이 웃으면서 얘기했다. "8자리 문제도 같은 방법으로 쉽게 답을 구했다고 하니까 고모부가 더 물어보시지 않고 바로 축하한다고 말씀하시더라고."

두 친구는 박장대소하며 즐거워했다.

"그런데 네 얘기를 듣고 보니까, 우리가 푼 방법이 고모부가 생각한 것과 다르면 어떻게 되는 거지? 그럼 우리가 완전히 다른 방법을 최초로 찾아낸 거잖아!"

"그럴 일은 없을 것 같네. 박사님이 주신 힌트 덕분에 해결했는데 전혀 다른 방법이 나올 수 있겠냐?"

"하긴, 그렇겠구나. 누구도 시도하지 않은 방법이었으면 좋았을 텐데. 그건 그렇고 내일 저녁에 저녁식사를 같이 하자고 하시더라. 고생했다고 하시면서."

"그래?"

신이 난 두 사람은 그동안 생각을 짜내느라 힘들었던 머릿속을 비울 요량으로 노래방에 가서 고래고래 소리를 지르면서 노래를 불렀다. 하도 고함을 치면서 부르니 노래인지 뭔지 알 길이 없을 정도였다. 처음으로 행한 지식 탐구의 길이 두 사람에게 꽤나 힘들었는지, 아니면 그러한 고행 뒤에 따라온 성취감과 만족스러움에 대한 외침이었는지는 몰라도 둘의 고성은 꽤나 오래 이어졌다.

드디어 박사와의 식사 자리.

"지민이는 이번에 문제를 풀면서 무엇을 느꼈니?"

"저는 제가 몰랐던 문제를 스스로 해결했을 때 얼마나 기분이 좋은지 처음 알았어요. 뭐라 표현하기 힘든 카타르시스를 느꼈어요."

"맞아, 그 느낌을 말로 표현하기란 참 힘들어. 굳이 비유하자면 등반가들이 오르기 힘든 산의 정상에 스스로의 힘으로 올라선 기분과 비슷하달까? 아니면 작곡가들이 새로운 곡을 만들었을 때의 기분이라고나 할까? 어쨌든 그 무엇과도 바꿀 수 없는 기분일 거야. 어때, 그런 기분을 다시 맛보기 위해서라도 다른 문제에 도전하고 싶지 않니?"

"예?"

종관은 이제 머리를 좀 식히며 게임이나 며칠 즐길 생각이었는데 바로 또 다른 문제를 얘기하는 고모부의 말에 적잖이 당황했다. 그러나 지민의 반응은 달랐다.

"예, 어떤 문제든 원합니다."

"나는 학생 시절 때 5분이나 10분 만에 해결되는 수학 문제는 성에 차지 않아서 하루 혹은 이틀 이상 붙잡고 있어야 풀리는 문제에 심취했었어. 어려운 문제를 스스로 해결했을 때의 쾌감을 늘 쫓아다녔지. 어려운 문제풀이에 대한 중독 증상이 내게 있었단다. 이만 하면 아주 좋은 중독 현상이라고 자부하는데, 혹시 지민이 너는 문제 풀 때 한 문제를 풀다 하루가 지나갔으면 어떨 것 같아?"

"예전이라면 아예 그런 시도도 하지 않았을 겁니다. 솔직히 공부할 내용도 많은데 한 문제 가지고 그렇게 오래 시간이 걸리면 초조해지거든요."

"그런데 지금은?"

옆에 있는 종관을 보면서 지민이 말했다.

"종관이가 그랬어요. 수열이나 조합 공부를 한 적이 없는데 이번에 이 문제를 풀면서 얻은 경험을 가지고 수학책의 해당 문제들을 풀었더니 놀랍게도 쉽게 풀리더래요. 저도 그랬고요. 누구한테 배우지 않은 내용을 제 손으로 직접 해결해본 경험은 처음이었어요. 비록 한 문제이지만 시행착오를 겪으며 문제를 풀어가는 과정에서 정말 많은 걸 얻었어요."

"맞아, 문제를 많이 푸는 게 수학 공부의 왕도라고 많이들 이야기하는데 그건 틀린 생각이야. 수학 점수가 잘 나오는 학생 중에서 수많은 문제를 풀어서 문제의 각종 유형을 암기하다시피 한 경우가 있다고 하자. 이런 학생들은 자신이 배운 유형에서 조금이라도 벗어난 문제가 나오면 전혀 손을 못 대.

하나의 문제를 푸는 데 시간은 중요하지가 않아. 자신이 얼마나 많은 생각과 도전을 했느냐가 중요한 것이지. 그리고 그렇게 투자한 시간은 결코 헛되지 않아. 백 문제 푼 학생보다 한 문제를 풀더라도 너희들이 했던 것과 비슷한 과정을 거친 학생이 훨씬 수학실력이 좋아. 수학 잘하는 사람들의 하나같은 공통점이 상당한 시간을 들여 문제 하나를 푼다는 것이고, 이는 진리에 해당해."

박사는 종관에게 말을 건넸다.

"종관이 너는 공부해야겠다는 생각이 들지 않아?"

"예, 고모부." 갑작스런 박사의 질문에 종관이 엉겁결에 말했다.

"역사 속 천재들이 이뤄온 업적을 배워야 그것을 뛰어넘는 새로운 앎이 나오는 법이야. 수학 기호도 그래. 물론 수많은 수학자들이 만들어낸 수학 기호를 그 의미도 모른 채 단순하게 받아들인다면 큰 의미가 없겠지만, 수학 기호에는 생각이 담겨 있어. 수식 뒤에 숨어 있는 의미를 알고 또 그 수식을 활용할 수 있도록 연마하지 않으면 창조성이 떨어지는 법이지. 사고력도 중요하지만 계산력도 그만큼 중요해. 그래야 더 큰 머리를 쓸 수 있어."

박사는 수학에 관한 금과옥조 같은 얘기를 해주었다. 두 학생은 연신 고개를 끄덕이며 듣고 있었다. 문제를 풀면서 스스로 깨달은 점이 많아서 그런지 박사가 해주는 말이 한마디 한마디 깊이 와닿았다.

"내가 너희 둘에게 나중에 또 다른 문제를 내줄까?"

"네." 둘은 한목소리로 힘차게 답했다.

"그동안 카드 문제로 꽤나 고생했으니까 당분간은 각자 공부하면서 수학실력을 다지는 시간을 보내려무나. 다음 여름방학 때 훨씬 어려운 문제를 내줘야겠어."

"예, 감사합니다." 두 학생은 힘차게 말했다.

점화식과 생성함수

책을 마무리하기 전에 '생성함수'라는 용어가 아직 생소한 분들을 위해 몇 가지 예를 들어 그 의미를 설명해보려 한다. 어떠한 수열의 생성함수는 그 수열을 계수로 하는 멱급수* 이다. 즉, 다음과 같은 꼴이다.

$$g(x;a_n) = \sum_{n=0}^{\infty} a_n x^n = a_0 + a_1 x + a_2 x^2 + \cdots$$

위의 식은 일반적인 정의로서 일단 급수가 수렴하는 것으로 생각하기로 한다. 생성이란 말이 붙은 것은 바로 위의 함수 $g(x)$를 전개하면 그 계수가 우리가 관심 있는 수열 $a_0, a_1, a_2, \cdots$에 대하여 원래의 값을 되돌려주기 때문이다.

본문에서 다뤘던 수열들에 대해 이를 생성함수와 연결시켜 정리해보도록 하자.

(1) 수열 $1, 1, 1, \cdots$의 생성함수

$$g(x) = 1 + x + x^2 + \cdots = \frac{1}{1-x}, \; (|x| < 1)$$

(2) 이항계수로 이뤄진 수열 $_nC_0, _nC_1, _nC_2, \cdots$의 생성함수

$$g(x) = _nC_0 + _nC_1 x + _nC_2 x^2 + \cdots + _nC_n x^n = (1+x)^n$$

■ 　　멱급수는 거듭제곱 급수라고도 하며 아래의 식과 같이 상수 a를 중심으로 $x-a$의 거듭제곱을 갖는 무한급수 형태이다.

$$\sum_{n=0}^{\infty} c_n(x-a)^n = c_0 + c_1(x-a) + c_2(x-a)^2 + c_3(x-a)^3 + \cdots$$

---

(3) 중복조합의 수로 이뤄진 수열 $_n\mathrm{H}_0, _n\mathrm{H}_1, _n\mathrm{H}_2, \cdots$의 생성함수

$$g(x) = _n\mathrm{H}_0 + _n\mathrm{H}_1 x + _n\mathrm{H}_2 x^2 + \cdots = (1-x)^{-n} = \frac{1}{(1-x)^n}, \ (|x|<1)$$

다음의 예를 가지고 생성함수의 의미를 되새겨보자.

① P, Q, R 세 종류의 문자로 중복을 허락하여 선택하되, P는 3개 이하, Q
는 2개 이하, R은 4개 이하가 되도록 n개를 선택하는 방법의 수 a_n

② $p+q+r=n$을 만족하는 정수해의 개수 b_n (단, $0 \leq p \leq 3$, $0 \leq q \leq 2$, $0 \leq r \leq 4$)

③ $g(x) = (1+x+x^2+x^3)(1+x+x^2)(1+x+x^2+x^3+x^4)$의 전개식에서
x^n의 계수 c_n

본문을 충실히 읽은 독자들은 위의 a_n, b_n, c_n이 모두 같은 수임을 파악했으리
라 믿는다. ①과 ②의 생성함수가 ③이 되는 것인데 ③은 ①과 ②의 경우를 쉽게
구하게 하는 장점뿐만 아니라 모든 사례를 한 번에 나타낸다는 장점도 있다. $g(x)$
를 기계적으로 전개하면 아래와 같다.

$$g(x) = 1 + 3x + 6x^2 + 9x^3 + 11x^4 + 11x^5 + 9x^6 + 6x^7 + 3x^8 + x^9$$

이를테면 ①에서 7개를 선택하는 방법의 수는 위의 전개식의 x^7의 계수 6이
된다.

①의 문제만으로 7개를 선택하는 경우의 수를 구하려면 일일이 나열하여 구하

는 것이 보통이겠지만 자칫 실수할 가능성이 농후하다. 아래는 가능한 6가지의
경우이다.

PPPRRRR, PPQRRRR, PQQRRRR

PPPQRRR, PPQQRRR, PPPQQRR

5.1 ☆☆

$\left(x^2 + \dfrac{1}{x}\right)^{10}$ 을 전개했을 때 x^{11}의 계수를 구하여라.

5.2 ☆

두 종류의 세균 A, B에 대하여 A는 30분 간격으로, B는 40분 간격으로 증가량을 관측했다. 관측할 때마다 세균 A, B의 수는 항상 바로 전의 세균 수의 2배이다. 처음 관측할 때 세균 A의 수는 16마리, 세균 B의 수는 64마리이다.

(1) 몇 번째 관측에서 처음으로 세균 A의 수가 100만 마리를 넘는가?

(2) 같은 시각에 관측할 때 세균 A와 B의 수가 같은 수가 되는 경우가 있는가? 있다면 몇 시간 후이며 그때의 세균 수를 구하라.

5.3 ☆☆

축구공 3개, 야구공 3개, 농구공 3개, 배구공 3개로 총 12개의 공에서 0개, 1개, 2개, ⋯, 12개를 선택하는 경우의 수를 구하기 위한 생성함수는?

5.4 ☆☆

7개의 상자에 사과가 들어 있다. 각 상자에서 2개 이상에서 6개 이하의 사과를 뽑아 총 25개를 선택하는 방법의 수를 구하라.

1.1

같은 숫자가 2개 이상 나온다는 의미는 3개, 4개가 나올 수 있다는 것이다. 따라서 이들 모두의 확률을 구해서 더해나가야 하지만 이는 번거로운 일임에 틀림없다. 본문에서 종관이 500주 동안 로또의 당첨확률을 구할 때와 같은 상황이다. 이 문제에서는 똑같은 숫자가 나오지 않는 4자리의 정수의 확률을 구하면 된다. 단 주의할 점은 천의 자리에 0이 오면 4자리의 정수가 될 수 없으므로 이 경우는 제외하여 그 값은 $9 \times 9 \times 8 \times 7$가지라는 것이다. 따라서 구하는 확률은 다음과 같다.

$$1 - \frac{9 \cdot 9 \cdot 8 \cdot 7}{9000} = 1 - \frac{63}{125} = \frac{62}{125}$$

1.2

원 c_1을 그릴 때 시계방향 혹은 반시계 방향의 2가지가 가능하다. 또한 그림처럼 점 A에서 출발하는 경우 원 c_1과 c_2를 그리는 순서의 수는 2!이다. 따라서 두 원 c_1, c_2를 그리는 경우의 수는

$$2! \times 2 \times 2 = 8가지$$

이다.

다음에 B로 와서 t_1, t_2, t_3의 삼각형 세 개를 그리는 경우의 수는 3!이다. 또한 각 삼각형은 그리는 방향에 따라 원과 마찬가지로 2가지가 가능하다.

$$3! \times 2 \times 2 \times 2 = 48가지$$

즉, A에서 B로 그리는 경우의 수는

$$8 \times 48 = 384가지$$

이다. 또한 반대로 점 B에서 A로 갈 수 있고 그때의 경우의 수도 384가지이다. 따라서 연필로 한 번에 그리는 방법의 수는 총 **768**가지이다.

1.3

(1)

총 8개의 팀(A, B, C, ⋯, H)을 오른쪽 그림과 같이 두 그룹으로 나누어 시합하는 것으로 해석할 수 있다. 이때 각 그룹에서 승부를 가리는 방법의 수는 문제에서 나와 있듯이 3가지이다.

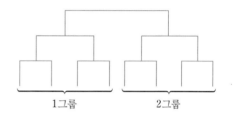

남은 것은 8개의 팀을 두 그룹으로 나누는 방법의 수를 구하면 된다. 1그룹에 속하는 팀은 8개 팀에서 4개의 팀을 선택(예를 들어 A, B, C, D)하는 것이므로 $_8C_4$이다. 남은 4개의 팀(E, F, G, H)은 자연스레 2그룹으로 편성된다. 그런데 편의상 1, 2그룹으로 나누었지만 1그룹에 속한 A, B, C, D의 4팀이 2그룹, 2그룹에 속한 4팀(E, F, G, H)이 1그룹에 속하더라도 차이가 전혀 없다. 따라서 2로 나눠줘야 한다.

$$\frac{_8C_4}{2} \times 3 \times 3 = \mathbf{315}가지$$

(2)

시리즈가 5차전까지 승부가 나지 않기 위해서는 A라는 팀을 기준으로 하면 3승 2패

혹은 2승 3패의 전적이 나와야 한다. 3승 2패가 나올 수 있는 하나의 예를 살펴보면

다음과 같다.

승 패 패 승 승

승패의 확률이 50%이므로 위의 순서가 이루어질 확률은 $\left(\frac{1}{2}\right)^5$이 됨은 자명하다.

3승 2패가 나오는 경우는 곧 승이 3번, 패가 2번이므로 이들을 나열하는 경우의 수

와 일치한다. 즉, $\frac{5!}{3!2!} = 10$가지이다. 따라서 3승 2패가 나올 확률은 다음과 같다.

$$\left(\frac{1}{2}\right)^5 \times 10 = \frac{5}{16}$$

6차전에 승부가 끝나기 위해서 A가 승리해야 하므로

$$\frac{5}{16} \times \frac{1}{2} = \frac{5}{32}$$

이다. 반대로 6차전에 B가 승리할 경우가 있다. 이 확률은 A가 승리할 확률과 동일

하다.

$$\therefore \frac{5}{32} \times 2 = \frac{5}{16}$$

7차전까지 가는 확률은 직관적으로 해결이 가능하다. 다섯 게임이 끝난 시점에서

시리즈가 결판이 나지 않기 위해서는 어느 한 팀이 3 : 2로 이기고 있는 경우이다. 이

상황에서 세 번 이긴 팀이 여섯 번째 게임에서 이겨 시리즈를 여섯 번째 게임에서 끝

낼 확률은 50%이다. 그러나 지고 있는 팀이 여섯 번째 게임에서 이긴다면, 승부는 3

: 3이 되어 일곱 번째 게임까지 해야 한다. 이 경우도 확률이 50%이다. 따라서 7차전

까지 갈 확률은 6차전에 끝날 확률과 같을 수밖에 없다.

 1.4

조건에 부합하게 그림으로 나타내면 오른쪽 그림과 같다. 이때 사각형의 외접원의 중심을 O라 하면,

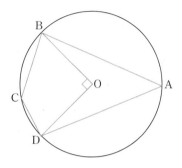

$$\overline{OB} = \overline{OD} = 1, \ \ \overline{BD} = \sqrt{2}$$

이다. 따라서 삼각형 BOD는 직각삼각형이 되므로

$$\angle BOD = 90°$$

중심각은 원주각의 2배이므로 $\angle A = 45°$이다.

한편 네 개의 각은 등차수열을 이루고 문제의 조건에서 $\angle A$가 최소이므로 $\angle C$ 가 최대이다.

$$\angle A = a - 2d, \ \angle B = a - d, \ \angle D = a, \ \angle C = a + d,$$

(여기서 a, d는 양수이고 $\angle B$와 $\angle C$의 값은 바뀌어도 된다.)

$\angle A = 45°$이므로

$$a - 2d = 45° \qquad\qquad\qquad \cdots ①$$

이다. 그리고 원에 내접하는 사각형의 대각의 합은 180도이므로

$$\angle A + \angle C = 180° \ \text{혹은} \ 2a - d = 180° \qquad\qquad \cdots ②$$

이고, ①과 ②로부터 $a = 105°, d = 30°$이다. 따라서

$$(\angle A, \angle B, \angle C, \angle D) = (45°, 75°, 135°, 105°)$$

혹은

$$(\angle A, \angle B, \angle C, \angle D) = (45°, 105°, 135°, 75°)$$

1.5

(1)

점 O에서 P까지 최단 경로로 가기 위해서는 오른쪽 방향(r)으로 8번, 위의 방향(u)으로 5번 움직여야 한다. 즉, 8개의 r과, 5개의 u를 일렬로 늘어뜨리는 경우의 수를 구하는 것과 동치이다.

$$_{13}C_8 = {}_{13}C_5 = 1287$$

(2)

선분 AB를 지나지 않고 점 P로 가기 위해서는 여러 개의 상황을 고려해야 하므로 복잡해진다. 하지만 선분 AB를 지나 점 P로 가는 경로의 개수는 구하기 쉽다. 따라서 전체 경로의 수에서 선분 AB를 지나는 경로의 수를 빼주면 구하는 경로의 개수이다.

$$(O \rightarrow A) \leftrightarrow (3개의\ r, 2개의\ u) \leftrightarrow {}_5C_3 = 10$$

$$(B \rightarrow P) \leftrightarrow (4개의\ r, 3개의\ u) \leftrightarrow {}_7C_4 = 35$$

$$\therefore O \rightarrow A \rightarrow B \rightarrow P의\ 경로의\ 수는\ 10 \times 35 = 350$$

전체 경로의 수는 (1)의 1287이므로 구하는 경로의 수는 다음과 같다.

$$1287 - 350 = 937$$

2.1

〈그림 1〉과 같이 각 삼각형에 A, B, $\cdots$, F로 이름을 부여한다. 또한 편의상 빨강, 파랑, 초록을 각각 r, b, g로 하여 주어진 조건에 따라 색을 칠하는 경우를 수형도로 나타내보면 〈그림 2〉와 같다.

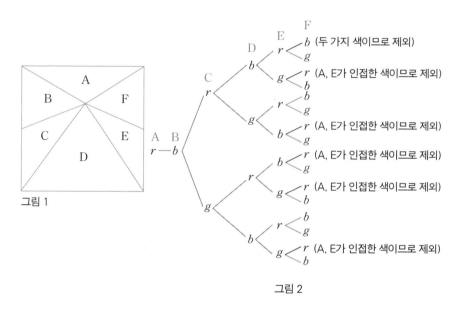

그림 1

그림 2

〈그림 2〉에서 A에 r을 칠했다고 하면 B에는 b 혹은 g를 칠해야 할 것이다. B에 b를 칠한 경우를 살펴보면 C에는 r 혹은 g를 칠할 수 있다. 이렇게 진행해나간 것이 〈그림 2〉의 수형도이다.

수형도에서 B의 자리에 g가 칠해졌을 경우도 마찬가지이므로 결국 A자리에 r을 칠했을 때의 경우의 수는 20가지이다. 또한 A의 자리에 b, c를 칠했을 때에도 같은 결과를 얻게 되므로 주어진 도형을 r, b, g의 세 가지 색깔로 칠할 수 있는 경우의 수는 총 60가지이다.

2.2

일반항을 구하면 다음과 같다.

$$a_1 = 1$$

$$a_2 = 1 + 2$$

$$a_3 = 1 + 2 + 3$$

$$\vdots$$

$$\therefore \ a_k = \frac{k(k+1)}{2}$$

따라서 구하고자 하는 답은 다음과 같다.

$$\sum_{k=1}^{40} \frac{k(k+1)}{2} = \frac{1}{2}\left(\sum_{k=1}^{40} k^2 + \sum_{k=1}^{40} k\right)$$

$$= \frac{1}{2}\left\{\frac{40(40+1)(2\cdot 40+1)}{6} + \frac{40(40+1)}{2}\right\} = \mathbf{11480}$$

2.3

(1)

$$\sum_{k=1}^{n} k(k+1) = \sum_{k=1}^{n} (k^2 + k) = \sum_{k=1}^{n} k^2 + \sum_{k=1}^{n} k$$

$$= \frac{n(n+1)(2n+1)}{6} + \frac{n(n+1)}{2} = \frac{n(n+1)}{6}\{(2n+1)+3\}$$

$$= \frac{n(n+1)(n+2)}{3}$$

236

$$\sum_{k=1}^{n} k(k+1)(k+2) = \sum_{k=1}^{n}(k^3+3k^2+2k) = \sum_{k=1}^{n}k^3+3\sum_{k=1}^{n}k^2+2\sum_{k=1}^{n}k$$
$$= \frac{n^2(n+1)^2}{4}+\frac{n(n+1)(2n+1)}{2}+n(n+1)$$
$$= \frac{n(n+1)}{4}\{n(n+1)+2(2n+1)+4\}$$
$$= \frac{n(n+1)(n+2)(n+3)}{4}$$

(2)

문제와 같이 $\sum$ 기호가 중복되어 있을 때에는 안쪽에서부터 순서대로 진행하면 된다.

$$\sum_{k=1}^{n}\left\{\sum_{j=1}^{k}\left(\sum_{i=1}^{j}i\right)\right\} = \sum_{k=1}^{n}\left\{\sum_{j=1}^{k}\frac{j(j+1)}{2}\right\}$$
$$= \frac{1}{2}\sum_{k=1}^{n}\frac{k(k+1)(k+2)}{3} = \frac{1}{6}\sum_{k=1}^{n}k(k+1)(k+2)$$
$$= \frac{1}{6}\cdot\frac{1}{4}n(n+1)(n+2)(n+3)$$
$$= \frac{1}{24}n(n+1)(n+2)(n+3)$$

2.4

(1)

사각형의 개수를 살피면, 〈그림 1〉의 전체 사각형의 수는 가로로 $(n+1)$개, 세로로 n개가 있으므로 총 $n(n+1)$개의 사각형이 존재한다. 이때 빗금 친 사각형의 수는 전체 사각형의 개수의 반이므로 $\frac{n(n+1)}{2}$임은 자명하다. 그런데 빗금 친 사각형을 보면 첫 줄의 사각형의 수는 1, 두 번째 줄은 2, ⋯ 등등으로 $1+2+\cdots+n$의 합이 곧 빗금 친 사각형이다. 따라서 $\sum_{k=1}^{n}k=\frac{n(n+1)}{2}$임을 알 수 있다.

(2)

〈그림 2〉는 사각형의 수가 아닌 곱해서 나온 수들의 합에 초점을 맞출 필요가 있다. 그리고 구역을 ⌐으로 나눴던 점에 착안하여 각 구역의 수들의 합을 먼저 구해본다.

$$k(1+2+\cdots+k)+\{1+2+\cdots+(k-1)\}k$$
$$=k\cdot\frac{k(k+1)}{2}+\frac{(k-1)k}{2}\cdot k=k^3$$

따라서 주어진 그림 안의 모든 수의 합은 $\displaystyle\sum_{k=1}^{n}k^3$이다. $\cdots$①

또 주어진 그림에서 첫 번째 줄의 합, 두 번째 줄의 합, $\cdots$, n번째 줄의 합을 모두 더하면 역시 그림 안의 모든 수의 합이 될 것이다.

$$\sum_{k=1}^{n}k+2\cdot\sum_{k=1}^{n}k+\cdots+n\cdot\sum_{k=1}^{n}k=(1+2+\cdots+n)\cdot\sum_{k=1}^{n}k=\left(\sum_{k=1}^{n}k\right)^2 \qquad \cdots②$$

①, ②는 같은 합을 구한 것이므로

$$\sum_{k=1}^{n}k^3=\left(\sum_{k=1}^{n}k\right)^2$$

3.1

문제를 이해하기 어려운 경우에는 직접 몇 가지를 계산해보면 흐름을 파악해서 해법을 찾아낼 수 있다. n은 자연수이므로 $n=1$일 때를 생각하면 결국 31을 900으로 나눈 나머지를 구하는 것이다. 이 경우에는 나머지가 31이다.

$n=2$에서 $31^2=961$이므로 900으로 나눈 나머지는 61이다. 또 $n=3$, 즉 $31^3=29791$을 900으로 나눌 때의 나머지는 91이 됨을 쉽게 알 수 있다.

문제의 의미는 파악이 되었다. 나머지가 최대가 되게 하는 자연수 n은 무엇인가? 계속 계산할 수는 없는 노릇이다. 여기에서 900은 30의 제곱이라는 점에 착안해야 한다.

$$31^n=(30+1)^n={}_nC_0+{}_nC_1\cdot30+{}_nC_2\cdot30^2+\cdots+{}_nC_{n-1}\cdot30^{n-1}+{}_nC_n\cdot30^n$$

이항정리에 의해 이와 같이 나타내어지며 30^2 이상의 항은 항상 900으로 나눠떨어지므로 나머지가 될 수 있는 항은 ${}_nC_0 + {}_nC_1 \cdot 30 = 30n + 1$일 뿐이다. 따라서 최대의 나머지는

$$30n + 1 < 900에서\ n = 29$$

이다. 즉, 최소의 n은 $n = 29$이고 그때의 나머지는 **871**이다.

조합의 의미로 따지면 ${}_{50}C_r$이라는 것은 50개의 물건에서 r개를 고르는 경우의 수이다. 따라서 ${}_{50}C_r \cdot {}_{50}C_{50-r}$은 50개의 물건 중에서 r개를 고르고 또 다른 50개의 물건에서 $(50-r)$개를 고르는 경우의 수를 곱한 값이 된다.(그림 참조) 결국 문제에서 주어진 수들의 합은 100개의 물건 중에서 50개를 고르는 경우의 수와 같다. 즉, ${}_{100}\mathbf{C}_{50}$.

(1)

삼각형이 이뤄지기 위해서는 n개의 점에서 3개의 점을 선택하면 된다. 따라서 조합에 해당하는 경우이므로 답은 ${}_n\mathbf{C}_3$이다.

(2)

5개의 점이 일정한 간격으로 놓여 있으므로 이들 점으로 만들어지는 삼각형의 개수는 $_5C_3$로서 10개이다. 이제 이들 중 원의 중심이 삼각형 내에 있기 위해서는 그림 ①과 같이 점 a_1과 a_2를 연결한 선분을 변으로 하는 하나의 삼각형이 존재하게 된다. 마찬가지로 하면 선분 $a_2a_3, a_3a_4, a_4a_5, a_5a_1$에 대해서 각 1개뿐이므로 총 5개임을 확인할 수 있다. 확률은 $\dfrac{1}{2}$이다.

점이 7개 놓여 있을 때가 (3)과 (4)를 해결하기 위한 가장 핵심에 해당한다. 그림 ②에서처럼 하나의 점 a_1에 초점을 맞추는 것이 좋다. 그런데 이 점을 기준으로 원의 중심이 포함되는 삼각형의 개수를 구하려고 하면 꽤나 헷갈린다. 직접 해본 독자라면 쉽지 않음을 확인할 수 있다. 물론 구할 수는 있겠지만 점의 수가 많을수록 생각하기가 어렵다.

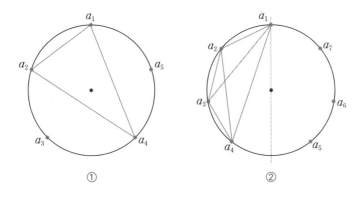

①　　　　　　　　②

생각을 전환해서 여사건의 경우로 해석하도록 한다. 즉, 원의 중심이 포함되지 않는 삼각형의 개수를 구한다. 점 a_1을 기준으로 원의 중심이 포함되지 않기 위해서는 그림 ②의 점선의 왼쪽에 놓여 있는 3개의 점 a_2, a_3, a_4에서 2개의 점을 선택해서 삼각형을 만들면 된다. 따라서 $_3C_2$이고 점선의 반대쪽에서도 같은 개수가 나오므로 점 a_1이 포함된 삼각형으로 원의 중심을 포함하지 않는 삼각형의 개수는 총 6개이다.

나머지 점 6개에 대해서도 같은 방법으로 구하면 원의 중심을 포함하지 않는 삼각형은 총 $42(=6 \times 7)$개이다. 하지만 각각의 삼각형이 중복으로 계산되었으므로 2를 나눠줘야 한다. 따라서 21개이다.

$$1 - \frac{7 \times {}_3\mathrm{C}_2}{{}_7\mathrm{C}_3} = 1 - \frac{21}{35} = \frac{2}{5}$$

(3)

점 7개를 구하는 경우와 똑같이 생각해주면 쉽게 해결이 가능하다. 그림 ③과 같이 점 a_1과 중심을 지나는 점선을 기준으로 왼편에 놓인 점들은 총 n개의 점이므로 점 a_1을 포함하여 원의 중심을 포함하지 않는 삼각형의 개수는 $2 \times {}_n\mathrm{C}_2$이다. 점의 개수는 $(2n+1)$개이고 각각의 삼각형이 중복된다는 점을 상기하면 구하고자 하는 확률은 다음과 같이 계산된다.

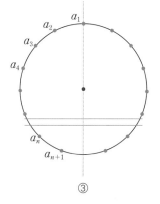

③

$$1 - \frac{(2n+1) \cdot {}_n\mathrm{C}_2}{{}_{2n+1}\mathrm{C}_3} = 1 - \frac{(2n+1) \cdot \frac{n(n-1)}{2}}{\frac{(2n+1)(2n)(2n-1)}{3 \cdot 2}}$$
$$= 1 - \frac{3(n-1)}{2(2n-1)} = \frac{n+1}{4n-2}$$

(4)

원 위의 임의의 점 3개를 선택해서 삼각형을 만든다는 것은 (3)의 문제에서 원 위에 점 n개가 무한히 많다는 관점으로 전환해서 생각할 수 있다. 즉, n이 무한하다고 보는 것으로 n이 한없이 커지므로

$$\therefore \lim_{n \to \infty} \frac{n+1}{4n-1} = \frac{1}{4}$$

좌변은 이렇게 해석이 가능하다. n명의 학생에서 학생대표를 뽑기 위해 먼저 m명의 후보를 선택한다. 그리고 m명의 후보에서 r명의 대표를 뽑는다고 해석이 가능하다. 따라서 $(m-r)$명은 후보로만 선정되었을 뿐 대표로 뽑히지 못한 경우이다.

한편 우변은 n명의 학생에서 r명의 대표를 선정하고 남은 $(n-r)$명에서 $(m-r)$명을 후보군으로 뽑았다고 볼 수 있다. 따라서 두 사례는 일치한다.

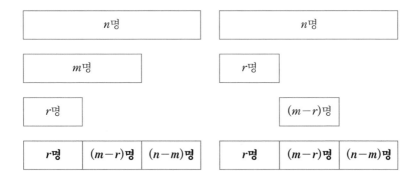

(1)

포함배제의 원리로 접근이 가능하다. 주어진 문제는 바둑돌 19개를 3개의 상자에서 각각 a개, b개, c개를 넣는 경우의 수와 같고 이때 a, b, c는 자연수, 즉 최소한 1개 이상의 바둑돌이 들어가 있어야 한다는 전제조건이 있다. 기존의 알고 있는 지식과 연계하면 a, b, c가 0이 될 수 없다는 점만 다르다. 이 점에 착안하여, 미리 3개의 상자에 1개의 바둑돌을 집어넣게 되면 어떻게 될까? 이제 남은 16개의 바둑돌을 특별한 제한조건이 없이 3개의 상자에 넣게 되므로 답은 $_{18}C_2$이다.

따라서 구하는 개수는 $_3H_{16} = {}_{18}C_2 = 153$개이다.

(2)

이 문제 역시 어떻게 변환해야 원래 알고 있는 형태의 문제로 전환되는지 고민해야 한다. 양의 홀수라는 제한조건을 지닌 a, b, c, d를 음이 아닌 정수의 문자, 예를 들면 p, q, r, s로 바꾸는 방법을 생각해내야 한다. 이 점에 착안하여 다음과 같이 처리하면 쉽게 해결이 가능하다.

$$a = 2p+1, \ b = 2q+1, \ c = 2r+1, \ d = 2s+1$$

이와 같이 치환하면 $a = 2p+1$에서 a가 양의 홀수로 $1, 3, 5, \cdots$를 취해야 하므로 p가 가질 수 있는 값은 0 이상의 정수로 우리의 목적에 맞게 변환이 된 셈이다.

$$a+b+c+d = 20 \ \leftrightarrow \ p+q+r+s = 8$$

따라서 구하는 개수는 $_4\mathbf{H}_8 = {}_{11}\mathbf{C}_8 = 165$개이다.

(3)

$a+b+c = 0$일 때의 경우의 수부터 시작해서 $a+b+c = 10$일 때까지의 모든 경우의 수를 더해 해결할 수 있다. $a+b+c = 0$부터 시작해서 순서대로 각각의 경우의 수를 구하면 다음과 같다.

$a+b+c = 0$일 때 $_2\mathbf{C}_2$

$a+b+c = 1$일 때 $_3\mathbf{C}_2$

$\vdots$

$a+b+c = 10$일 때 $_{12}\mathbf{C}_2$

$\therefore \ _2\mathbf{C}_2 + {}_3\mathbf{C}_2 + \cdots + {}_{12}\mathbf{C}_2 = {}_{13}\mathbf{C}_3$ (〈식 3.5.2〉에 의해)

이와 같은 방법으로 해결이 가능하지만 발상을 전환해서 다음과 같이 생각하면 더 쉽게 해결이 가능하다. 만약 $a+b+c=0$이면 이 조건을 만족하는 경우와 $a+b+c+10=10$의 경우의 수는 같다. 또한 $a+b+c=1$은 $a+b+c+9=10$과 동치이다. 따라서 문제의 답은 d라는 새로운 문자를 도입해서 $a+b+c+d=10$의 경우의 수를 구하는 것과 같다. 왜냐하면 새로 도입한 d라는 문자 역시 기존의 문자와 같이 0 이상의 정수가 되기 때문이다.

이 문제는 헷갈리는 문제이다. 하지만 생각을 전환하면 본문에서 다룬 중복조합으로 충분히 해결이 가능하다. 이렇게 생각을 해보자. 이 문제는 4개의 ○와 7개의 ● 를 나열하는 경우와 일치한다. 단지 ○가 인접하지 않도록 놓여야 한다는 조건이 있다. 따라서 다음과 같이 전환한다. ○를 그림과 같이 배치하고 이들 사이에 7개의 ● 를 A, B, C, D, E의 영역에 놓는 것이다.

A		B		C		D		E
a개	○	b개	○	c개	○	d개	○	e개

따라서 다음과 같은 수식이 가능하다.

$$a+b+c+d+e=7$$

그런데 ○가 인접하지 않기 위해서는 B, C, D에는 최소한 1개 이상의 ●가 놓여야 할 것이다. 따라서 B, C, D에 미리 1개의 ●를 위치시켜놓고 나머지 4개의 ●를 아무런 제한조건 없이 놓을 수 있게 되므로 위의 수식은 다음과 같이 바뀐다.

$$a+b+c+d+e=4$$

결국 본문에서 익히 다룬 중복조합으로 바둑돌 4개를 5개의 방에 배치시키는 방법의 수가 되고, 이는 바둑돌 4개와 칸막이 4개를 일렬로 나열하는 경우의 수와 동치이므로 답은 다음과 같다.

$$_8C_4 = 70$$

 4.3

(1)

이항정리의 식 (3.4.1)을 다시 적으면

$$(a+b)^n = {}_nC_n a^n + {}_nC_{n-1}a^{n-1}b + {}_nC_{n-2}a^{n-2}b^2 + \cdots + {}_nC_1 ab^{n-1} + {}_nC_0 b^n$$

이었다. 이 식에 $a=1, b=1$을 대입하면

$$2^n = {}_nC_n + {}_nC_{n-1} + {}_nC_{n-2} + \cdots + {}_nC_1 + {}_nC_0$$

(2)

자연수 4를 분할하는 방법으로는 다음과 같이 8가지가 가능하다.

$$4 = 3+1 = 1+3 = 2+2 = 2+1+1 = 1+2+1 = 1+1+2 = 1+1+1+1$$

약간의 감각이 있는 분이라면 이 정도에서 최소한 답의 유추는 가능하리라. 2를 분할하는 방법의 수는 2가지, 3은 4가지, 4는 8가지이므로 방법의 수가 2배씩 증가하는 추세에 미뤄 5는 16가지, 즉 2^4으로 예측할 수 있다. 결론적으로 n을 분할하는 방법의 수는 2^{n-1}이다. 그러면 진짜 이렇게 답이 나올 것인가?

무엇에 초점을 맞출 것인가? 여기에서는 주어진 수를 분할하는 개수에 문제 해결의 열쇠가 있다. 4를 분할할 때 다음과 같이 가능하다.

$$4 = a_1$$
$$= a_1 + a_2$$
$$= a_1 + a_2 + a_3$$
$$= a_1 + a_2 + a_3 + a_4$$

이 점에 착안하여 임의의 자연수 n에 대해 다음과 같이 분할한다고 하면

$$n = a_1 + a_2 + \cdots + a_k \ (단, 1 \leqq a_1, a_2, \cdots, a_k \leqq n)$$

본문에서 충분히 다뤘듯이 경우의 수는 다음과 같이 구할 수 있다. $a_1, a_2, \cdots, a_k$를 상자로 하고, n개의 바둑돌을 최소한 1개 이상 각각의 상자에 넣는 경우의 수를 구하는 문제로 환원이 가능하다. 포함배제의 원리에서 다루었던 내용을 그대로 적용해 미리 바둑돌 1개를 각 상자에 넣으면 이 문제는 우리에게 익숙한 문제로 바뀐다. 즉,

$$n - k = a_1 + a_2 + \cdots + a_k \ (단, 0 \leqq a_1, a_2, \cdots, a_k \leqq n - k)$$

이다. 따라서 경우의 수는 $_{(n-k)+(k-1)}C_{k-1}$이다.

k가 취할 수 있는 값은 1에서 n까지이므로, n을 분할하는 개수는

$$\sum_{k=1}^{n} {}_{n-1}C_{k-1} = {}_{n-1}C_0 + {}_{n-1}C_1 + {}_{n-1}C_2 + \cdots + {}_{n-1}C_{n-1} = 2^{n-1}$$

4.4

대표적인 포함배제의 원리로 〈식 4.6.2〉을 이용해 해결할 수 있는 문제이다. 100까지의 수에서 2로 나눠지는 수들의 집합을 A, 3으로 나눠지는 수들의 집합을 B, 5로 나눠지는 수들의 집합을 C라 하면,

$$|A| = 50, \ |B| = 33, \ |C| = 20$$

이다. 그리고 $A \cap B$라 함은 2와 3으로 모두 나눠지는 수들의 집합을 뜻하므로 이는 곧 6으로 나눠지는 수들의 집합이다. 마찬가지로 생각하면 $B \cap C$, $C \cap A$는 각각 15, 10으로 나눠지는 수들의 집합을 뜻한다.

$$|A \cap B| = 16, \ |B \cap C| = 6, \ |C \cap A| = 10$$

마지막으로 $A \cap B \cap C$는 2, 3, 5로 모두 나눠지는 수들의 집합을 의미하므로 이는 곧 30으로 나눠지는 수들의 집합이다.

$$|A \cap B \cap C| = 3$$

따라서 〈식 4.6.2〉에 의해 다음과 같이 계산된다.

$$|A \cup B \cup C| = |A| + |B| + |C| - |A \cap B| - |B \cap C| - |C \cap A| + |A \cap B \cap C|$$
$$= 50 + 33 + 20 - 16 - 6 - 10 + 3 = 74$$

그러므로 답은 100에서 74를 빼준 26개이다.

5.1

주어진 식을 전개했을 때의 일반항은 이항정리에 의해 다음과 같다.

$$_{10}C_r (x^2)^{10-r} \left(\frac{1}{x} \right)^r = {}_{10}C_r x^{20-3r}$$

따라서 x^{11}의 계수는 $20 - 3r = 11$일 때, 즉 $r = 3$이므로 계수는 $_{10}C_3 = 120$이다.

5.2

(1)

세균 A의 수는 30분마다 2배씩 증가하므로 초항이 16, 공비가 2인 등차수열이다. 따라서 n회째 관측시의 세균 수는

$$16 \cdot 2^{n-1} = 2^{n+3}$$

이다. 이때 세균 A의 수가 100만 개를 넘을 때에는

$$2^{n+3} > 10^6 = 2^6 \cdot 5^6$$

$$\therefore \ 2^{n-3} > 5^6 = 15625$$

$2^{13} = 8192$, $2^{14} = 16384$이므로 $n - 3 \geqq 14$이다. 즉 **17회**째에서 처음으로 100만 마리가 넘는다.

(2)

세균 A와 B를 동시에 관측하는 시간은 항상 2시간의 간격을 지니고, 이 2시간의 간격 동안 세균 A는 네 번, 세균 B는 세 번의 관측을 시행하게 된다. 이때 세균 A는 2^4배, 세균 B는 2^3배가 증가한다. 따라서 2시간을 하나의 변수로 잡으면 세균 A는 초항 16, 공비 2^4인 등비수열이고, B는 초항 64, 공비 2^3인 등비수열이다. 즉,

$$a_n = 16 \cdot (2^4)^{n-1} = 2^{4n}$$
$$b_n = 64 \cdot (2^3)^{n-1} = 2^{3n+3}$$

n회째에 두 수가 같다고 하면

$$2^{4n} = 2^{3n+3}, \quad \therefore \ 2^n = 2^3$$

즉, 2시간을 간격으로 세 번째 관측에서 같은 수가 나옴을 뜻한다. 따라서 답은 6시간 후이며 세균의 수는 $2^{12}=4096$개다.

5.3

4.2절에서 다룬 내용에 착안하여 해결이 가능하다. 축구공의 개수를 a, 야구공 b, 농구공 c, 배구공 d라 놓고 여기에서 k개를 고른다는 것은 다음과 같다.

$$a+b+c+d=k \; (단, 0 \leq a, b, c, d \leq 3)$$

즉, 위의 식을 만족하는 정수해의 개수를 구하는 문제와 동일하여 $(1+x+x^2+x^3)^4$에서 x^k의 계수가 곧 k개의 공을 선택하는 경우의 수이다. 따라서 구하는 생성함수는 $(1+x+x^2+x^3)^4$이다.

5.4

주어진 조건을 만족하도록 n개를 선택하는 방법의 수를 a_n이라 할 때, 수열 $a_1, a_2, a_3, \cdots$의 생성함수는

$$g(x)=(x^2+x^3+x^4+x^5+x^6)^7=[x^2(1+x+x^2+x^3+x^4)]^7$$
$$=x^{14}(1+x+x^2+x^3+x^4)^7$$

이고, 25개를 뽑는 경우의 수는 $g(x)$의 전개식에서 x^{25}의 계수 a_{25}이다. 즉,

$$h(x)=(1+x+x^2+x^3+x^4)^7$$

에서 x^{11}의 계수와 같다.

$$h(x)=(1+x+x^2+x^3+x^4)^7=\left(\frac{1-x^5}{1-x}\right)^7=\frac{(1-x^5)^7}{(1-x)^7}$$

위의 식에서 분자, 분모는

$$분자=(1-x^5)^7=\sum_{i=0}^{7}{}_7C_i(-x^5)^i$$
$$분모=\frac{1}{(1-x)^7}=\sum_{j=0}^{\infty}{}_{6+j}C_j x^j$$

이므로 $h(x)$에서 x^{11}의 계수는

$$1\times{}_{17}C_{11}+(-{}_7C_1)\times{}_{12}C_6+{}_7C_2\times{}_7C_1=6055$$